LA VENERIE ET LA FAUCONNERIE

DES

D'APRÈS DES DOCUMENTS INÉDITS

PAR

SOUS-INSPECTEUR DES FORÊTS

PARIS

CHEZ HONORÉ CHAMPION, LIBRAIRE

15, QUAI MALAQUAIS, 15

MDCCCLXXXI

LA VENERIE ET LA FAUCONNERIE

DES

DUCS DE BOURGOGNE

Tiré à 100 exemplaires sur papier vergé
Par Dejussieu père et fils, imprimeurs à Autun.

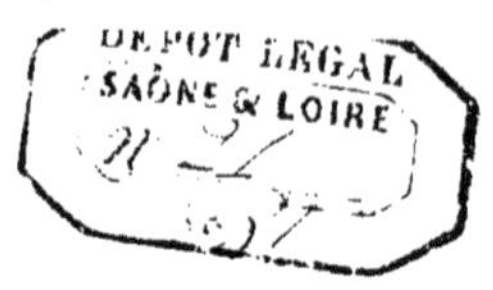

LA VENERIE ET LA FAUCONNERIE

DES

DUCS DE BOURGOGNE

D'APRÈS DES DOCUMENTS INÉDITS

PAR

SOUS-INSPECTEUR DES FORÊTS

PARIS

CHEZ HONORÉ CHAMPION, LIBRAIRE

15, QUAI MALAQUAIS, 15

MDCCCLXXXI

EXTRAIT DES MÉMOIRES DE LA SOCIÉTÉ ÉDUENNE
(NOUVELLE SÉRIE), TOME IX.

CARTE
des forêts du domaine ducal
DE BOURGOGNE
Tonnerre
Chatillon
Avallon
Dijon
Beaune
Autun
Chalon
Macon
Légende

LA VÉNERIE

ET LA FAUCONNERIE

DES DUCS DE BOURGOGNE

CHAPITRE PREMIER

Le roman des *Déduictz de la Chasse*. — La Vénerie et la Fauconnerie des ducs de la première race. — Le compte de Geoffroy de Blaisy, gruier de Bourgogne. — Les forêts ducales. — Le droit de giste. — L'ordonnance de Philippe de Rouvres sur le faict de la Vénerie.

Gasses a faict ceste besoigne,
Pour Phœbus, duc de Bourgoigne,
Son très cher redoubté seigneur,
A cui Jhesucrit croisse honneur;
Si lui supplie a son povoir,
Qu'en gré la vieulle recevoir,
En suppliant, quand le verra
Les défaulx quil y trouvera :
Et prie à ceulx qui l'orront lire,
Que de leur grâce, ils vieullent dire,
Que Dieux lui pardoint ses deffaux
Car moult aima chiens et oyseaux.

C'est ainsi que finit le roman des *Déduictz de la Chasse* que Gasse de la Bigne « jadis premier chapelain de très excellent prince, le roi Jehan de France, que Dieu absoulve, commença à Heldefort, en Engleterre, l'an mil CCC LIX, du commandement dudit seigneur, afin que messire Philippe, son quart filz et duc de Bourgoigne, qui adoncques estoit jeune, apreist desduiz pour eschiver le péchié d'oyseuse et qu'il en feust mieulx enseigné en meurs et en vertus. Et depuis ledit Gasse le parfit à Paris. »[1]

Philippe avait déjà dix-sept ans et s'était vaillamment conduit aux côtés de son père à la bataille de Poitiers, quand, prisonniers tous deux en Angleterre, ils occupaient les loisirs de leur captivité à chasser. Mais la chasse était alors un art qu'il fallait étudier. Le livre intitulé *le roi Modus et la royne Racio*[2] était écrit depuis 1338 et pouvait servir à l'éducation du jeune prince, car c'est une sorte de catéchisme en matière de chasse avec des dissertations morales et symboliques, dans lequel toutes les chasses connues sont passées en revue.

Cependant le roi Jean, désireux de nourrir son fils de sages et utiles conseils, tout en lui faisant lire et étudier les règles d'un art destiné surtout à rompre le corps aux plus nobles exercices, chargea son chapelain d'écrire un traité de la chasse, qui fût à la fois un livre de plaisir et un livre de morale.

Le livre des *Déduictz de la Chasse* de Gasse de la Bigne

1. Gaces ou Gasse de la Bigne, ou de la Vigne, appelé *Gasto de Vineis* par les auteurs du *Gallia Christiana*, t. VIII, p. 1636, fut chapelain de Philippe de Valois, de Jean II et de Charles V. Voici ce qu'il dit de lui dans son roman :

Le prestre est né de Normandie,
De quatre costés de lignie,
Qui moult ont amé les oyseaulx,
De ceux de la Bigne et d'Aigneaux,
Et de Clinchamp et de Buron,
Yssit le prestre dont parlon,
Depuis il a fait grande vaillance.
Car a servy trois rois en France,
En leur chapelle souverain,
De tous trois maistre chapelain,
Lesquels lui ont fait tant de bien,
Qu'il m'a dit qu'il ne lui faut rien.

Le poëme de Gasse de la Bigne a été plusieurs fois imprimé, notamment à Paris, chez Michel Lenoir, 1520. 1 vol. in-4° avec figures sur bois. Charles Nodier en a donné des extraits propres à faire connaître le goût, la poésie et la littérature de ce temps, au tome second, p. 403 à 427, des *Mémoires sur l'ancienne chevalerie*, par la Curne de Sainte-Palaye, qu'il a publiés avec une introduction et des notes historiques. Paris, M.DCCC.XXVI.

2. *Id.* tome second, p. 239, 255, 256, 257.

peut en effet à juste titre être classé parmi les ouvrages d'éducation et de morale en usage au quatorzième siècle [1]. L'auteur raconte au jeune prince des histoires de chasse dont la moralité est une leçon pour le préserver ou le corriger des défauts habituels à la jeunesse. La première partie énumère les défauts contraires aux pratiques de la chasse; puis après avoir donné la description de magnifiques soupers, en vrai Normand, né gentilhomme, avec quatre quartiers de noblesse, Gasse de la Bigne initie son lecteur aux formalités judiciaires et aux règles et usages des combats en champ clos. Ces leçons de morale et ce résumé des connaissances pratiques nécessaires à un prince occupent la moitié du livre; le traité de la Vénerie ne commence réellement qu'au milieu de l'ouvrage. Le débat s'agite entre déduit d'Oiseaux et déduit de Chiens; c'est la partie véritablement didactique, dans laquelle on apprend comment on doit former les faucons, chasser le cerf, le sanglier, le renard, le lièvre, la loutre. La Fauconnerie et la Vénerie plaident leur cause devant le roi Jean, qui, malgré un faible pour le déduit des chiens, les renvoie dos à dos, sans vouloir accorder la prééminence à un déduit sur l'autre.

Le roi Jean avait une véritable passion pour la chasse; les exemples donnés par Philippe-Auguste, par saint Louis et par Philippe le Bel n'avaient pas été perdus à la cour de France. Avant sa malheureuse guerre contre les Anglais, le roi avait des équipages fort somptueux pour le temps. En 1351 le personnel de la vénerie était composé de 8 veneurs, 4 écuyers du déduit et 8 archers; et la meute devait être nombreuse, car on voit dans une chasse au cerf, décrite par Gasse de la Bigne, le roi faire découpler cinquante chiens à l'attaque. Si à la cour de France, les plaisirs de la chasse tenaient une grande place dans la vie des princes, les ducs de Bourgogne de la race des Capétiens ne les avaient pas non plus négligés. Fils de roi de

1. *Mémoires sur l'ancienne chevalerie*, par la Curne de Sainte-Palaye, tome II, p. 291.

France, héritier des ducs, Philippe le Hardi devait conserver à la cour de Bourgogne sa Vénerie et sa Fauconnerie, déjà organisées sur un grand pied par Philippe de Rouvre.

Les chiens et les oiseaux étaient en grande faveur en ce pays depuis bien des siècles; le plus ancien document où il en soit fait mention est le second concile de Mâcon, de l'année 585, au chapitre intitulé : *Des chiens et des éperviers que les évêques ne doivent pas nourrir.* « Après avoir traité et mené à bonne fin, disent les pères du concile, tous les sujets de la loi divine ou du droit humain, nous avons pensé qu'il était convenable de prendre quelques décisions sur les chiens et les éperviers. Nous voulons donc que la maison épiscopale qui, par la grâce de Dieu, a été instituée pour donner à tous l'hospitalité sans acception de personnes, ne renferme pas de chiens; de sorte que ceux qui pensent y trouver un soulagement de leurs misères n'éprouvent pas au contraire, un détriment pour leur corps s'ils sont déchirés par les morsures de chiens enragés. La demeure épiscopale doit être gardée par des hymnes et non par des hurlements, par les bonnes mœurs et non par des morsures dangereuses. C'est donc une monstruosité et un manque notoire de respect, d'avoir des chiens et des éperviers là où on doit chanter des cantiques à la gloire de Dieu [1]. » Fort probablement les évêques ne se contentaient pas de nourrir des éperviers dans le palais épiscopal; mais comme porter l'oiseau sur le poing était tenu pour un signe de suzeraineté, ils entraient dans le chœur des cathédrales avec leur oiseau. Exemple fâcheux pour les seigneurs dont certains, comme ceux de Chastellux, tenaient pour un de leurs plus honorables privilèges le droit d'entrer dans le chœur de l'église cathédrale d'Auxerre, armés et éperonnés, avec un oiseau sur le poing.

Mais sans chercher dans des documents religieux le témoignage de la passion pour les chiens et les oiseaux, qui dominait

1. Ragut, *Cartulaire de Saint-Vincent de Macon*, p. CCLVII.

aussi bien le clergé que les seigneurs laïques, nous trouvons dès le commencement du moyen âge la preuve de la jalousie avec laquelle les ducs de Bourgogne entendaient se réserver le droit de chasse dans leurs forêts, où l'étendre dans les forêts dont ils ne jouissaient pas.

Au mois de juillet 1287, le duc Robert II achète à Guillaume Bretin, citoyen d'Autun, le bois de Rocheroy avec le droit de chasse dans ce bois, dans le bois de l'Essart et dans tous les bois situés au dessus d'Autun. La charte d'acquisition, passée par-devant Pierre, official et chanoine de l'église d'Autun, porte que Guillaume vend au duc, à ses héritiers et successeurs, *totam chaciam et venationem*, et que dorénavant ni Guillaume ni les siens ne pourront *chaciare seu venare* dans tous ces bois et n'y tendre ou faire tendre rets et cordes aussi bien pour chasser que pour tout autre motif [1]. Cependant Huguenin, fils du feu duc Hugues IV et frère de Robert, se faisait concéder par Miles de Noyers et Marie de Crécy, sa femme, le droit de « à toujoursmais chacier et prandre parmy toutes leurs forêtz les bêtes qu'ils mourront forz leurs forez. » L'amour de la chasse était puissant alors chez tous les membres de la famille ducale; pendant que le plus jeune frère se fait concéder des droits de chasse au nord du duché, le duc tâche d'augmenter aussi les siens, soit autour de ses châteaux de Riveau et de la Thoison, près d'Autun, où il venait souvent séjourner, soit autour de son château d'Argilly. Au mois de janvier 1299, il reconnait au couvent de Citeaux, qui touche à la forêt d'Argilly, le droit de haute et basse justice dans leurs grands bois situés entre Champvarin et Saule, mais il se réserve le droit de chasse, *jus venandi, a quo jure venandi predictos religiosos totaliter excludimus.*

Tantôt à Autun, tantôt à Argilly, à Aisey, à Brazey, le duc Robert se tenait toujours soit au centre, soit à la limite de

1. Picard, *Compte de la gruerie des bailliages d'Autun et de Montcenis*, dans les *Mémoires de la Société Éduenne*, nouv. serie, t. VI, p. 265.

grandes forêts, où il pouvait satisfaire ses goûts pour la chasse. Parmi la liste des gîtes qui lui étaient dus, se trouvait Arcenant, au milieu des forêts de l'arrière-côte; c'est là qu'en 1302 il ajoute un codicille à son testament, pour instituer dame Agnès de France, sa femme, comme tutrice de leurs enfants. La duchesse, après la mort de son mari et pendant la tutelle de ses enfants Hugues et Eudes IV, s'installa à Arcenant, dans la maison de Saint-Vivant, qu'elle avait « amplifié suffisament pour la demeure d'une dame de sa condition »; et, pour approvisionner sa maison de venaison, elle envoyait ses gens chasser sur le territoire voisin de Détain, appartenant à l'abbaye de Citeaux, comme du reste elle le reconnait par une lettre sous son scel, en date de 1323.

A partir de cette époque, les documents deviennent plus nombreux et surtout plus circonstanciés.

En 1326, le duc perd un de ses faucons et donne 41 sols 6 deniers pour envoyer à sa recherche.

Eudes aimait, comme son père Robert, les chiens et les oiseaux, et c'était lui faire plaisir que de lui en envoyer en cadeau, ainsi que le fit, cette même année 1326, la dame d'Epoisses. Le duc donne des gratifications à Guiot de Villeraut « qui lui aportit faulcons », et à Jehan de Quarrées « qui lui amenit chianz de par la dame d'Epoisses. » [1]

Du reste le duc ne se contentait pas des cadeaux de ses voisins pour entretenir sa meute; en 1339 nous le voyons acheter, en une seule fois, 84 chiens; la même année, il en achète encore pour 84 livres 12 sols 7 deniers à Arras [2] et en fait mener treize d'Artois en Bourgogne. Un valet qui lui présente un levrier reçoit 39 sols 2 deniers de gratification.

Avec une meute de cent chiens au moins, il fallait une vénerie organisée sur un grand pied; en 1340, il y avait en effet trois veneurs : Jehan de Quarrées, Jefroys et Habraanz;

1. Archives de la Côte-d'Or, B. 314.
2. Id. B. 313.

des « varlez de chiens » ayant livrée, et des chevaux pour monter les veneurs. En 1338, le compte porte en dépense 10 sols 4 deniers pour la « chaucemante » des valets de chiens; en 1332, il avait mentionné le paiement d'une émine d'avoine pour les chevaux de Jehan de Quarrées, et en 1334 les veneurs ont reconnu avoir reçu des religieux de Citeaux douze émines de froment à la mesure de Dijon pour leurs chiens et leurs chevaux.

L'équipage de vénerie du duc se transportait sur tous les points du duché. Depuis le jour des Bordes, jusqu'au dimanche avant la Toussaint 1333, la meute est en déplacement à Citeaux et à Argilly ; le dimanche, le lundi et le mardi après la Chandeleur 1337, elle est à Darcey pour chasser « es chevreux »; en 1344, nous la trouvons au milieu des terres de Champagne, dans l'enclave du duché, où elle chasse « aux porcqs dans la forest d'Illes et de Chaource. »

Pendant ces déplacements, c'était au prévôt du bailliage à fournir à la vénerie ce qui lui était nécessaire, comme le prouve l'ordonnance suivante du duc Eudes en date de 1330 :

> Eudes, duc de Bourgoingne, cuens d'Artois et de Bourgoingne, palatins et seigneur de Salins, à nostre prévost de Villers, salut. Nous envoions nos veneurs et nos chienz à Villers pour corre en nostre forest de Villers et vous mandons que a noz diz veneurs pour euls et pour noz chienz vous faisez aavoir ce qui mestier lour sera tanct comme ils seront à Villers et ençui entour. Donné à Moncheureul en Champaigne, le jeudi voille des Apostres saint Pere et saint Poul, l'an de grace mil CCC et trante. Et de ce que vous leur ferez aavoir, prenez lettres pour aporter a noz comptes et nous vous le ferons compter à rabattre. Donné comme dessus. [1]

Si les veneurs du duc étaient souvent en déplacement, leur seigneur et maître savait les récompenser. Le 9 décembre 1348, le duc Eudes qui avait déjà donné « tant comme il lui plairait

1. Tous les documents dont l'origine n'est pas indiquée par une note spéciale proviennent des Archives de la Côte-d'Or, liasses : B. 397 (Veneurs et Fauconniers) : B. 382 (Louvetiers et Loutriers) : B. 379 (Garenniers).

seulement » la chapelle de sa forêt de Villers avec les terres, prés et toutes les appartenances de ladite chapelle à son veneur Geoffroy dit le Motot de Perrigny, en considération des services de ce veneur et des réparations qu'il a faites aux maisons et héritages de la chapelle, lui donne « et à Marie, sa femme, à leur vie tant seulement et au survivant d'eulx, la chapelle, ensemble les maisons, terres, prés, édifices, profits et émoluments quelconques d'icelle, à charge d'entretenir les héritaiges et de faire faire en ladicte chapelle le service divin par la manière qu'il est accoustumé de faire. »

A côté de sa vénerie, le duc avait aussi une fauconnerie, comme l'indique le reçu ci-après en date de 1348 :

Reçu de Guioz de Quarrées et de Daudey, fauconniers de monseigneur le duc, pour la despense qu'ilz ont faite en alant visiter les faucons doudit monseigneur en la mue de Maisey et pour pranre et aller quérir espervicrs.

Le duc mourut en 1349 et sa belle-fille Jeanne de Boulogne gouverna le duché comme tutrice de son fils Philippe de Rouvres. Jeanne de Boulogne ayant épousé le roi de France Jean, les documents sur la vénerie et la fauconnerie de Bourgogne sont peu abondants pour cette époque.

La reine cependant fait chasser dans ses pays de Bourgogne; un reçu de 1349 constate une dépense de chasse faite par Perrin de Chivres, « veneour pour madame la Royne. » En 1350, le duc de Normandie envoie ses cinq veneurs chasser le cerf dans la forêt de Villers, et ses équipages sont entretenus aux frais du duché de Bourgogne, comme le prouve le mandement de Guiot de Gy, receveur général et grenetier du duché de Bourgogne à Guillaume de Maisey, gouverneur de la gruerie. « Que vous faciez ahavoir, écrit-il, es veneurs de mondit signeur de Normendie tout ce qu'il faudra es dits veneurs pour euls, leurs chienz et leurs aydes et tout ce quil vous demanderont pour leur nécessitez et vivre et prenez lettres deuls de ce que vous leur baillerez ou ferez ahavoir et il vous sera comptez et rabatu à votre premier compte; donné à Cyteaulx..... »

En 1352, nos seigneurs les gens des comptes ont commis à chasser Philibert de Maisey; en 1354, c'est Geoffroy de Blaisy, gruier de Bourgogne, qui commet Jehan Grillot, d'Aisey.

Ainsi la vénerie du duché est laissée sans direction pendant la minorité de Philippe de Rouvres; le service de la chasse semble être abandonné aux maitres forestiers sous la direction du gruier général du duché.

Cependant une fauconnerie spéciale subsistait en Bourgogne; Guiot de Quarrées, ancien fauconnier du duc Eudes, vient en France, pendant l'année 1349, pour chercher trois faucons; en 1351, nous le trouvons encore chargé des faucons et « aultres oiseauls ».

Un autre fauconnier, Jehan de Halingues, avait épousé Jehanne de Bissey, nourrice du duc. Cette alliance, jointe à ses qualités spéciales, le désignait naturellement comme devant faire partie de la maison de chasse de Philippe de Rouvres, quand celui-ci réorganisa ses équipages.

Mais avant de donner l'ordonnance par laquelle le jeune duc règle sa vénerie, en 1360, nous ne pouvons mieux faire pour expliquer ce qu'était la chasse à cette époque, que d'extraire du compte du gruier de Bourgogne, Geoffroy de Blaisy, pour l'année 1354, le chapitre relatif à la chasse.

C'est le compte de monseigneur Geoffroy de Blaisey, chevalier, seigneur de Mauvilley, gruier dou duchié de Bourgongne, des receptes et missions faictes par ledit chevalier à cause de son office, dès la Saint Martin dyver ccc liiii jusques a la Saint Martin dyver ccc lv, renduz par lui en la manère qui sensuit.

....

Chaces. — A Phillebert de Maissey, escuier, maistre forestier de Brancion, pour ses despens de lui et de ses aides, de chiens et chevauls faiz le mardi et le marcredi après la S. Martin diver ccc liiii en chaceant es bois de Pommeauls et prist ii bacons de venoison : pour pain, vin, char, pour euls et pour leurs chiens, pour foin, avene pour leurs chevauls.. lii l.

A lui pour les despens de lui et de ses aides, chiens et chevauls, faiz le jeudi, venredi et sebmadi après Saint Andrier ccc liiii, en chacent en Chapaize sous Brancion et prist v bacons de venoison. .... iiii l.

Audit Phillebert pour despens de lui, de ses aides, de chiens et des chevauls, faiz le lundi, mardi, marcredi et jeudi après l'Apparition ccc liiii, en chacent en la Vevre de Beaulmont et prist v bacons de venoison.. iiii l. iiii s. vj d.

A lui pour despans de lui, de ses aides, chiens et chevauls, faiz le lundi et mardi après la Saint Anthoigne ccc liiii, en chacent darriés la loige de Bragny et prist ii bacons........................ xlv s.

A Guillaume de Saint Cosme pour xv rasceauls de saul pour saler xvii bacons cy dessus diz............................. v florins.

Et furent lesdiz bacons presentez de par la royne au pape et a autres si comme cy après en despense commune sera dit et rappourté.

A Guienot Bornon, maistre forestier d'Argillez pour les despens de lui, de ses aydes, chiens et chevauls, en facent une chace le mardi avant Noel ccc liiii, une aultre le venredi avant la S. Anthoigne, une autre le lundi et mardi suigvant, une autre le jeudi avant la Chandeleuse, une autre le mercredi après S. Valantin ccc liiii et furent prinses viiii bestes noires, i chevrieul, et ii loups, desquels les v bestes noires et le chevrieul ont esté menez et delivrez en lostel monseigneur le duc estant a Rouvre pour la despense discelly, et les autres iii bestes noires ont esté menées a Dijon en lostel du gruier, qui les despartit a monseigneur le gouverneur et aus autres gens du conseil de Monseigneur.. vi l. x s.

A Perreaul Boussetartre de Nuys pour iii boisseauls de saul pour saler ladite venoison oudit temps...................... xix s. vi d.

Audit Guienot Bornon pour luy et pour ses aydes en facent chaces le mardy et le marcredy après S. Philippe et S. Jacque, en may ccc lv, et prist on i chevrieul envoié en l'ostel monseigneur le duc pour la venue de la contesse de Flandres et pour ycellui mener oudit hostel. .... xl s.

A luy pour les despens de luy et de ses aydes faiz en chacent la sebmaigne avant Notre Dame en septembre ccc lv et furent pris i cerf et une loe qui furent menez a Chalon pour les gens du consoil de Monseigneur estanz a la foire chaude et pour les mener oudit lieu. .... i florin et demi.

A Marceaul le Doucet pour mener lesdictes viii bestes noires et chevrieul des Argilley a Rouvre et a Dijon, comme dessus est dict, et a Vivien, forestier, pour les conduire oudit temps........ xvi s.

Somme : xxvii l. vii sols.
Item : vi florins demi.

Prise de Loups. — A Thiebault de Villiers le Duc, louier, pour iiii loups pris par lui es louiers de Villiers et pour ycelles tendre dès la S. Martin ccc liiii jusques a Pasques suigvant, paié le iiiie jour de fevrier ccc liiii, marchié fait a lui par le gruier.......... ii florins.

A Gruchot et a Moris de Vanveix pour tendre les ii louiers de Vanveix et ycelles a oicher a leurs despens dès la S. Martin ccc liiii jusquà Pasques suigvant et y ont esté pris ii loups...... ii florins.

A Jehan Paris et a Andrier Thomas de Baigno pour iiii oies pour oichier les louières environ la forest d'Argilley en décembre et en janvier ccc liiii.. x sols.

A euls pour iiii loves, pour chaseune xii s. et pour ii loups pour chaseun x sols, pris par euls dès la S. Andrier ccc liiii jusques a la Chandeleur suigvant et appert par lettres .... lxviii s.

A euls en accroissance de leur salaire donné ceste foiz pour ce que diligement il ont exercié leur office, et paié le jour des Bordes ccc liiii. .... xl sols.

A euls, pour xxiiii loves pris par euls en mai ccc lv au fores et bois de Monseigneur, iii sols pour chaseun et appert par lettres. lxxii s.

A Laurent de Chastel Girart pour tendre les louiers dudit lieu dès la S. Lucie ccc liiii jusques a Penthecoste ccc lv, marchié fait en taiche a lui par Oudot de Raygney, escuier et lieutenant du gruier, le mardi avant la feste Dieu ccc liii, et y a pris vii loups... lx sols.

A lui et a Bellelevre pour redrastier et rapparoiller lesdites louiers, marchié fait en taiche a euls par Jehan Boichot, maistre forestier de Vauce, le mardi avant la Chandeleuse ccc liiii............. xxv sols.

A Hugues de Baigno, louier, pour iii loups, x sols pour chaseun, et pour viii lovaz, iii sols pour chaseun, pris par lui es bois d'Ostun, et appert par lettres données le lundy après S. Anthoigne.... liii s.

A Laurent de Fraisne, louier, et au Borne de Baigno, pour iii loves, la love xii sols vi deniers, et pour ix loups, x sols par loup, pris par euls dès Noel ccc liiii jusques a Pasques ccc lv et rappourtez par devers Phillebert de Maissey, maistre forestier .... vi l. vii s. vi d.

A euls, a Vincent Cholier et a Guillemot Broquart pour xxxi lovaz pris par euls et rappourtez par ledit Philebert en may ccc lv, iii sols pour chascun lovat.................................. iii l. xiii s.

A Jehan Bataillart et a Jehan le Borne, louiers, pour leurs despens faiz en chacent aus loups, au ceps et a la poudre, dès le venredy avans Pasques flories ccc liiii jusques au lundi avant S. George ccc lv auquel tenue a xxxvi jours, et audit Jehan Bataillart dès ladite S. George jusques au jeudi après Penthecoste ccc lv, duquel terme a xxxiiii jourz, a chascun deuls xvi d. par jour, a euls ordenez par le gruier, paiés et rappourtez par Symon le Brecon et preirent oudit temps v loups................................. cxiiii sols vii d.

A Andrier Sairement, louier, pour i loup, une love pris par lui es ceps près de la forest de Villier en la sebmaigne après la S. Bartholomier ccc lv, rappourtez par devers ledit Symon........ xxii sols.

A Jaquin Billaut de Saint Florantin, courdier, pour x panneauls a pranre loups achetez de lui par le gruier et sont en garde par devers ledit gruier et appert la paie par lettres..... xx florins et xx escus.

A Guillaume Broquart pour ses despens en allant de S. Florantin querir lesdiz panneauls le xxe, xxie, xxiie jour de juillet ccc lv et ne les voult delivrer lediz courdiers se il ne avoit amendance pour lesdiz iii jours... xv s.

A Jehan de Couhart pour les despens de lui et de sa charrette de iii jours en alant quérir lesdiz panneauls pour les appourter a Membar le xvie, xviie et xviiie jour d'aoust ccc lv pour les despens de lui, du charreton Jehan le chien avec lui et de leurs iii chevauls pour lesdiz iii jours, xlv s. vi d. et pour le salaire de leurs chevauls et chairette, xxv s. Somme.................................... lxx s. vii d.

A maistre Jehan de Fraisne, louier, pour ii lovaz pris par lui es bois d'Arrant près de Membar le xii jour de juing ccc lv, rappourtez par lui au chastellain de Membar........................ vi sols.

Somme : xxxviii l. xvii s. vii d.
Item : xxiiii florins.
Item : xx escus.

Prises de Lorres. — A Jehan Boqueuel de Fouchanges pour les despens de lui et de son compaignon et de leurs chiens faiz en iii jours en chacent aus lourres es estang des forès de Villers en la sebmaine avant S. Clement ccc liiii et ne prirent rens, rappourté par Symon le Brecon .... xx sols.

A lui et a Vinot le Broichecat de Fouchanges, lorriers, pour iii lorres quil ont prises environ l'estang d'Argilley la sebmaigne de l'an nuef ccc liiii, x sols pour chascune lorre et appert par lettres. .... xxx sols.

A euls pour les despens de v jourz deuls et de leurs chiens faiz oudit temps en chacent et prinrent lesdites lorres rappourtez par Guienot Bornon, maistre forestier d'Argilley.............. xv sols.

A euls pour ii lorres prises par euls environ lestang d'Argille le venredi après les Bordes et le sebmady suigvant ccc liiii, x sols pour chascune.. xx sols.

A euls pour les despens deuls et de leurs chiens es diz ii jours rappourtez par ledit Guienot Bornon .... xv sols.

A euls pour ii lorres prises par euls es diz estanges en la sebmaigne de S. Michiel ccc lv, x sols pour lorre .... xx sols.

A euls pour despens deuls et de leurs chiens en ladicte sebmaigne rappourtez par ledit Guienot.......................... xxiiii s.

A lui pour ii lorres prises par lui en l'estang de Flammerans en la Quaresme ccc lviii, rappourté par Monot Lescot, x s. pour chascune. .... xx s.

A lui pour iii lorres prises par lui es estangs de la forest de Villers monstrées à Symon le Brecon le premier jour de mai ccc liiii. xxx s.

A Raymont et Guillaume Daceauls, lorriers, pour leurs despens en visitant les estangs de Sorens, de Soissons, de Flamerans, les aultres estangs de la Perriere, de Montot, de Sathenay, dès la Penthecouste ccc lv jusques a la feste Dieu suigvant et y vaquent vi jours et y prirent i lorre rappourté par Monnot Lescot, pour ce qu'il ne ont robe devers Monseigneur ne aucuns gaiges .... 2 florins demi.

A Hugue Chacedieu, lorrier, pour viii lorres prises par lui es estang de la Toison et de Moncenis, rappourté par Phillebert de Maissey, x d. pour chascune et appert par lettres données le diemenche avant l'Ascension ccc lv.. iiii l.

A Esmonin Danoul demorant à Maxilley pour aler querir Jehan le Bouquenat, lorrier, et son compagnon pour pranre lorres qui fasoient dommaige en l'estang de Soissons, le mardi avant la S. Martin desté ccc lv.. iiii s.

Aus diz lorriers pour leurs despens faiz a Pontailler et a Viezverges en visitant par ii jours ledit estang au temps que dessus et ne prirent rens, rappourté par Jehan de Maxilley, maistre forestier de Pontoillé. .... xvi s. ii d.

Audit Monin Danoul pour aler a Aceauls quérir les lorriers dudit lieu le jeudi avant S. Moris ccc lv pour visiter ledit estang de Soissons .... iii s.

Audit Jehan Bouquenat et à son compagnon, lorriers, pour iii lorres par euls prises oudit temps en l'estang de Soissons, x s. pour chascune rappourté par ledit Jehan de Maxilley et appert par lettres. .... xxx sols.

Somme : xiiii l. xvi s. ii d.
Item : ii florins demi.
Item : vi gros.

Prise d'Oiseauls. — Au Pourot Menu d'Argilley pour une grosse aigle par lui prise sur l'estang d'Argilley le jeudi avant Noel ccc liiii, rappourté par Guienot Bornon.. v s.

A Philippe Musi pour i focon pris par lui et délivré en l'ostel monseigneur le duc, le darrenier jour de décembre ccc liiii et appert par lettre .... vi l.

A Stevenin Joanant pour ii esperviers et iii moichez par lui pris es fores de Villers et délivrez par le gruier a monseigneur le duc le x jour de juing ccc lv.. xx s.

Somme : vii l. v s. [1]

Ce même compte du gruier Geoffroy de Blaisy donne comme compléments fort intéressants à ces détails sur le service de la vénerie, de la louveterie, de la loutrerie et de la fauconnerie, l'état par bailliage des forêts ducales et la liste des officiers de la gruerie. [2]

BAILLIAGE DE DIJON.

A Dijon. — Néant, pour ce qu'il n'y a aucuns bois, estangs, à l'office de ladite gruerie.

A Talent. — Le bois de la Haulte Silve (bois revenant), le bois de Charmeront (bois revenant).

1. Arch. de la Côte-d'Or, B. 1398.

2. La carte des forêts du domaine ducal, jointe au présent mémoire, a été dressée au moyen des plans et documents conservés aux archives du bureau topographique de l'administration centrale des forêts à Paris.

Du bois du Vaul de Suzon (bois revenant), néant à présent, pour ce que monseigneur le duc Eudes, à qui Dieu pardonne, le donna à maistre Girart, son physicien, à la vie d'ycellui physicien qui encores vist.

Le bois de la Boissière.

Il n'y a pas d'usagiers dans ces bois.

A Lantenay. — Le bois du Pa[illegible] (b. r.).

A Rouvre. — Le bois le Duc, le bois de Bruère, le bois de Chassaigne, le bois de Boelouse (b. r.).

A Brazey. — La Pièce Maitre Jehan (haulte forest), le bois de la Barrotte (b. r.), le bois de l'Aige Bessou (b. r.), le bois d'Eschigey (b. r.), le bois de l'Aige de Brazey (h. f.)

A la Perrière. — Le bois de Rosieres (b. r.), le bois des Gasteis (b. r.), le bois de Laye Saint Ceigne (h. f.), le bois Entre l'Estang de Mortant et la Perriere (h. f.), le bois du Fays près l'estang de Baillon (h. f.), le bois du Deffand (h. f.), le bois de Rouptines entre Sarriey et la Perriere (h. f.), la Boiche de Loue (h. f.), la Noé de S. Syphorien (h. f.), le bois de la Fertey (b. r.), les trois quarts du bois de la Froide (b. r.), le bois sur les Tilles (b. r.), le bois de la Perrière (b. r.), le grand Nolat et le petit Nolat (b. r.), les Ayes de Longeaul (b. r.), le bois de la Brenne (b. r.).

A Fouchanges. — Le bois de la Menue Laischière, la forest de Maigny, le bois du Gatis et le bois de la Charmotte (bois revenans indivis avec Jehan de Perrigny).

A Pontoiller. — Le bois de Vesvre Guillaume et la Chaignoie Venroille (h. f.), le bois de Lyanne (h. f.), les Hayes de Maxilley (b. r.), les bois de Cresson le Grant, Cressenot, la Migrène, Sauciz, Chareiz, grands Chemins, Hayes de Soissons, Venes, Vernoy, communauls de Pontailler, communauls de Viezverges (h. f.), le bois de la Brise (partie h. f., partie b. r.).

A Saint Seigne. — Le bois de la Vevre, de la maison la Oultre, de la Cournée (b. r.).

A Fraisnes S. Mames. — Les bois du Fayl (h. f.), le buisson près la Ville, le buisson près le Devant (h. f.).

A Argilley. — La forest de Faul (h. f.), le bois de Fretey (h. f.), le bois des Pannels (h. f.), le bois des Bateis (h. f.), le bois de Champgilley (h. f.), le Vernoy d'Antilley (b. r.), le bois de Bourne (b. r.), le bois d'Artoline sur Sone (b. r.), le Deffoy sur Sone (b. r.).

A Vergy. — Montuain (b. r.), le boisson de Quemigney (b. r.), le boisson d'Espoisse (b. r.), les Hayes de Culley (b. r.), bois Lyant (b. r.), Bociere (b. r.), Combotiere (b. r.), le Parc (h. f.).

A Beaune. — Aucuns bois nan y a.

A S. Romain. — Le bois de Suloz, le bois à la Fée, le bois de Malessart, le bois de Salain (b. r.).

BAILLIAGE DE CHALON.

A Brancion. — Le bois de Chapoise (h. f., le duc en a la moitié), le bois de Tilli (h. f.), le bois de Chaumont (h. f., le duc en a la moitié), le bois de Morestain (h. f.), le bois de Boissi (h. f.), le bois de Hauteroy (h. f.), le bois de S. Romain (h. f.), le bois de Mello (le duc en a la moitié et les dames de Remiremont l'aultre moitié), le bois de Setonise (h. f.), le bois de la Roiche du Fraisne (b. r.).

A Beaulmont. — La Vesvre de Beaulmont (h. f.), le bois des Garennes ou bois Gaiguart (b. r.).

A la Colonne. — La Sarrée (h. f.), bois de Mousson (b. r.).

A Bragny. — Le bois de la Curée (h. f.), le bois du grand Bragny (b. r.), le petit Bragny (b. r.).

A Moillecon. — Le bois darrier la maison de Moillecon (b. r.).

A Buxy. — Le Trembloy (b. r., le duc a la moitié), le bois de Reugue (b. r., le duc a la moitié), le bois de l'Estousse (b. r.), le bois du Four de Buxy (b. r.).

A Cuiserey. — La Sarrée (h. f.), le bois de la Chauls (h. f.).

A Sagey. — Le bois de Villenissaul (h. f.).

BAILLIAGE DE MONCENIS.

A Moncenis. — La Marielle (h. f.), les Garennes dessus le Châtcau (h. f.), Montpourchier (h. f.), buisson S. Romain (h. f.).

A Ostun. — Plenoise (partie h. f., partie b. r.), le bois de Brecin (h. f,), le bois de Riveaul (h. f.), le bois des Garennes de Chanteloup (b. r.), le bois de la Toison (b. r.), Pierre Luzière (b. r.), le bois de Tilles de Grosne (b. r.), les Bateis de Plenoise (b. r.), bois Bougier (b. r.), le bois de Grône (b. r.).

A Glenne. — Le bois de Musies (partie h. f., partie b. r., monseigneur l'évesque d'Ostun en a la moitié), le bois de Folain (h. f., monseigneur le duc en a un quart, monseigneur l'évesque d'Ostun un quart, et les seigneurs de la Tournelle la moitié), le bois de la Garenne Colon (b. r., monseigneur le duc en a la moitié, monseigneur l'évesque d'Ostun l'aultre moitié), la forêt de Chenaul (h. f., monseigneur le duc en a un quart, monseigneur l'évesque d'Ostun un quart, les habitants de Cepoy et Chasaul la moitié), le bois darrier le Chastel (h. f., monseigneur le duc en a la moitié, monseigneur l'évesque d'Ostun l'aultre moitié), le bois de la Golaine (h. f., monseigneur le duc en a la moitié, Guy de Bourbon l'aultre moitié).

A Rossillon. — Les bois de Rossillon (partie h. f. et partie b. r., monseigneur le duc en a les trois cinquièmes), le bois de Montaignon et la forêt Barnat (partie h. f. et partie b. r., esquels monseigneur le duc a la moitié en la tonsure et le prieur de S. Symphorien d'Ostun l'aultre moitié de la tonsure et le fonds), le bois de Folain par darrier Rossillon (h. f., monseigneur le duc en a les trois dixièmes).

BAILLIAGE D'AUXOIS.

A Montreal. — Le bois de Vauce (partie h. f. et partie b. r.), Montrecou (h. f.), les Brouces de S. Ambroise (h. f.), bois Colot (b. r.), le bois de Montreal (b. r.), la Brouce de Courterolles (b. r.), le buisson Courtmassien (b. r.).

Au Mourcent. — Les bois de Bruaille (h. f.), le bois de la Perenne (h. f.), Bruaillotte (h. f.), le bois de Noichaul (h. f., Jehan de Chalons en a le tiers), les usages de Quarrées (b. r.).

A S. Germain de Mondeon. — Le buisson S. Martin (h. f., moitié à monseigneur le duc, moitié au prieur du lieu), le boisson de Gaignierot (h. f., moitié à monseigneur le duc, moitié au prieur du lieu), le bois Jean (b. r., moitié à monseigneur le duc, moitié au prieur du lieu).

A Monbar. — Le bois de Charmeour (partie h. f., partie b. r.), le bois de Cormenite (partie h. f., partie b. r.), le bois Daran (b. r.), les Fais.

A Semur. — Le bois de Villaines (b. r.), le bois de S. Euffraigne (b. r.).

A Arney. — Le bois de Veilleoroille (b. r.).

A Grosbois. — Les Brosses dessus le Moustier (b. r.), la Brosse darrier les Granges (b. r.).

BAILLIAGE DE LA MONTAGNE.

A Aisey. — Le bois du Parc (h. f.), le bois de Recey (h. f.), le bois de la Boisse (b. r.), le bois de Gaite Chevalier (h. f.), le bois de Roche-limard (h. f.), le bois de Voisins (partie h. f., partie b. r.), le bois de Busseauls (partie h. f., partie b. r.), le bois de Bremur (b. r.), le bois d'Ampilly (b. r.), le bois de Neelot (b. r.).

A Maisey. — Les bois de Maisey (b. r.).

A Villers le Duc. — La forêt de Villers le Duc (partie h. f. et partie b. r.).

A Villaines. — Le Buisson des gros bois près la ville et les bois communs (b. r.), le bois de Neeles (b. r.), la forêt de Darcey (b. r.), le bois Millon (partie h. f., partie b. r.), le bois de Feyauls (b. r.).

A Frolois. — Le bois de la Foret (b. r.), le bois de Champeauls (b. r.), le bois du Deffans (h. f.), le bois de Lalbne (partie h. f., partie b. r.). le bois de Montmoyen (b. r.), la foret Drouhart (b. r.), Combe Cediouls (b. r.); et tenus en doaire par la dame de Vaulprissey : la Combe du Poiz, la Brocette et Montqueaul (b. r.).

A Juigney.—La foret vers le Chastel (h. f.), le bois de Bocere (h. f.), le bois de Mancenois (h. f.), la Combe Dampevers (b. r.), le bois de Broces (b. r.), le bois de Muybillot (b. r.), le Plain au Ribault (b. r.), le buisson Jaquete (b. r.), la Combe Archambault (b. r.), la Combe aux Harauls (h. f.), Vert Buisson (h. f.), Malebroce (b. r.).

A Samaise. — Le bois du Parc (h. f.), la foret Baudri (h. f.), la foret de Goise (partie h. f., partie b. r.), le buisson Monseigneur Guillaume (b. r.), le bois des Batées de Samaise (b. r.), le bois de Blatey (b. r., la dame de Blatey en a une part), la Brauce aux Moignes (b. r., monseigneur le duc en a la moitié et le priour de Samaise l'aultre moitié), le bois de Charmoy (b. r.), la Forestelle de Blatey (b. r.), le boisson de Nedemande (b. r.), le boisson de Perrelée (b. r.), le boisson du Quart, le bois de Fourcherot, les Batées dessus, Jailley (b. r.), le Boisson de Tilley (b. r., le prieur de Samaise en a la moitié), le bois de Lomont (b. r.), le bois de Paucin (b. r.), la foret de Sacey (b. r., monseigneur le duc en a un tiers, et l'abbé d'Aigney deux tiers).

A Aigney. — Champdarcon (partie h. f. et partie b. r.), le bois de Bese (partie h. f., partie b. r.), le bois de Chasson (partie h. f., partie b. r., les Eschaules (h. f.), le Chevannot (h. f.), les petites Ambrières (h. f.), les grandes Ambrières (h. f.), le Larrey (h. f.), le Vaul dessous

Roiche (b. r.), Chevaigney (b. r.), le bois du Val (b. r.), les Batées d'Estalente.

A Duysme. — Le bois du Fayal (b. r.), le bois de Faiselot (b. r.), le Faisot (b. r.), le Faiselot sur la rivière (b. r., Eudes de Fontenes en a la moitie), la Fons dessus Duysme (b. r.).

A Sauls. — La Cote Noraul (b. r.), le Mont de l'Eschelle (b. r.), le petit Commoillon, le grand Commoillon (b. r.), le bois de Broces (b. r.), le Coing de l'Essart Troual (b. r.), la Combe au Gemels (b. r.), la Coste Phelippot (b. r.), les Chaisnes brulles (b. r.), le bois de Blaise (b. r.), l'Espinoy (h. f.), le Nid de Vautour (h. f.), la Combe Berougier (b. r.), la Combe au Diable (b. r.), la Bayniere (b. r.), le bois sous Roche (b. r.), le bois Vougeot (b. r.), la Charmoise (b. r.), Charmoy (b. r.), Champfouchart (b. r.).

A Salive. — Le bois de Barges (partie h. f., partie b. r.), le bois de Champvauls (b. r.).

A Barnoul. — Le bois de Barnoul (b. r.).[1]

A ces forêts du duché proprement dit, il faudra bientôt ajouter les forêts du comté du Charollais[2] et les forêts du comté d'Auxerre[3]. Sans tenir compte encore des bois compris dans les enclaves du duché au milieu des terres de Champagne, les forêts ducales s'étendaient donc dans ce qui forme aujourd'hui les arrondissements de Charolles, Autun, Chalon-sur-Saône, Beaune, Dijon, Semur, Châtillon, et dans une partie des arrondissements de Tonnerre, Auxerre et Avallon. Leur surface approximative peut être évaluée à 68,000 arpents; quelques forêts formaient des massifs très importants, ainsi dans la plaine de la Saône les forêts contiguës de la châtellenie d'Argilly contenaient 7,114 arpents; dans les montagnes ou plutôt sur le plateau de Châtillon, la forêt de Villers-le-Duc et les forêts voisines contenaient 19,633 arpents; puis venaient des massifs de 4,000 arpents environ, comme la forêt de Planoise au dessus d'Autun; et enfin des bois de

1. Arch. de la Côte-d'Or. B. 1398.
2. 30 juin 1390.
3. 21 août 1435.

quelques centaines d'arpents, des buissons et des brosses de 10 à 1 arpent. Ces forêts étaient assises sur des terrains des diverses formations géologiques et par conséquent présentaient les caractères les plus différents comme aspect, comme peuplement, et par suite comme facilité de chasse. Les unes étaient de hautes futaies de hêtre sur les versants des montagnes granitiques, où les sangliers et les chevreuils se faisaient poursuivre au milieu des amas de rochers qui encombrent le lit des ruisseaux et où par suite la chasse à cheval était fort difficile. Les autres au contraire étaient d'immenses forêts de chêne, tantôt présentant l'aspect de futaie, tantôt l'aspect de taillis, s'étendant à perte de vue dans la plaine, sur un sol uni où il était facile de suivre le défilé d'une grande bête : cerf ou sanglier. Ailleurs de petits buissons isolés se prêtaient à la chasse du lièvre ou des lapins qui n'étaient pas dédaignés sur la table ducale.

Du reste, quelle que fût la forêt, grande futaie ou petit buisson, elle était sévèrement surveillée au point de vue de la chasse, par un personnel nombreux relevant encore en l'année 1354 d'un chef supérieur résidant à Dijon, le gruier de Bourgogne.

Geoffroy de Blaisy, qui remplissait alors cette charge, avait sous ses ordres :

A Talent, le forestier des bois de Talent.

A Lantenay, le forestier des bois de Lantenay.

A Rouvre, le forestier des bois de Rouvres, le forestier de Chassagne et de Boulouse, le garde des bois de Bruère.

A Brazey, le forestier de la Pièce Maitre Jehan et des bois d'Eschigey, le forestier de l'Aige Besson et de la Barrotte, le vendeur à gaiges des bois d'Eschigey.

A la Perrière, le maistre forestier et vendeur des bois de Soirans, le maistre forestier des bois de la Perrière, le garde des estangs de la Perrière.

A Pontailler, le maistre forestier des bois de Pontailler et le forestier desdits bois.

A S. Ceigne, le forestier dudit lieu.

A Auxonne, le forestier du bois de Brise.

A Argilly, le maistre forestier des forêts d'Argilly, le forestier de la haute forêt, un second forestier de la haute forêt, le forestier des Panneauls et des Batées, le forestier de Borne, le forestier de Champ Jarley, le forestier du Deffoy, d'Arceline et du Vernoy, enfin le forestier du Vernoy d'Antilly.

A Vergy, le forestier de Mantuan, et le forestier d'Epoisses, du Lyart et du buisson de Quemigny.

A S. Romain, le forestier dudit lieu.

A Brancion, le maistre forestier de Brancion, Beaulmont, la Colonne, Bragny, Moillecon et Buxy, et deux forestiers des bois de Brancion.

A Beaulmont, le forestier de Beaulmont et la Colonne.

A Bragny, deux forestiers des bois de Bragny.

A Buxi, le forestier de Reusne et du Trembloy.

A Cuisery, le forestier du lieu.

A Sagy, le forestier du lieu.

A Montcenis, le forestier du bois de Montcenis.

A Ostun, le maistre forestier de la Toison, trois forestiers des bois d'Ostun.

A Rossillon, deux forestiers.

A Glennes, deux forestiers.

A Montreal, le maistre forestier de Vauce et du Morvent, quatre forestiers de Vauce, et un forestier de Montreal et de Couterolles.

Au Morvent, deux forestiers du Morvent, et un forestier du bois de Bruaille.

A S. Germain, le forestier du lieu.

A Montbar, le forestier de Charmeour et le forestier de Cormenite, Darran et des Fais.

A Semur, le forestier des bois S. Euffraigne.

A Arney, le forestier du lieu.

A Aisey, trois forestiers.

A Maisey, deux forestiers.

A Villers, le maistre forestier des forêts de Villers et sept forestiers.

A Villaines, le forestier du lieu, le vendeur à gaiges du bois Millon et des Feyauls, le forestier des bois de Lucenay, le forestier des bois de Nooles, le forestier de Darcey.

A Frolois, deux sergens des bois dudit lieu.

A Juigny, le maistre forestier et un forestier.

A Aignay, le forestier des bois d'Aignay et d'Estalente.

A Sauls, le forestier de Champfouchart, le forestier de Sauls, le vendeur des bois de la Brouce, le forestier de la Brouce.

A Salive, le forestier du lieu.
A Barnoul, le forestier et vendeur des bois de Barnoul.
A Salmaise, deux forestiers. [1]

Soit en totalité, neuf maistres forestiers, soixante-treize forestiers, deux sergents, deux vendeurs et deux gardes. Le traitement en numéraire de ce nombreux personnel montait à la somme de 684 livres 15 sols, mais quelques-uns de ces agents recevaient un gage en nature; ainsi le maistre forestier des bois de la Perrière jouissait d'une grange avec vingt-huit journaux de terre et sept soitures de prés; le maistre forestier de la Toison recevait trente bichets d'avoine que lui donnaient les habitants des Charbonnières usagers dans la forêt de Pierre-Luzière. Quant au forestier de Salive, il ne coûtait pas cher au duc : « gaiges néant, parce qu'il fait avec, l'office de sergent du chatellain qui le paie. »

Les extraits des comptes du gruier Geoffroy de Blaisy que nous venons de donner pourront sembler tout d'abord une fastidieuse énumération; mais la connaissance des différents massifs forestiers appartenant aux ducs et des officiers et gardes préposés à leur surveillance était nécessaire pour suivre avec intérêt l'histoire de la vénerie et de la fauconnerie à la cour de Bourgogne. La nature du peuplement des forêts avait aussi son importance, car elle a une grande influence sur le gibier : le cerf se tiendra de préférence dans une haute futaie où il pourra défiler devant les chiens; le sanglier hantera aussi la futaie où les grands arbres lui fourniront les glands et la faine pour sa nourriture, tandis que le renard et le lièvre se confineront dans les recrus des jeunes taillis.

A proximité de leurs forêts les ducs avaient les châteaux de Salmaise, Aignay, Maisey, Ducsme, Aisey, Villaines, Châtillon, Montbard, Montreal, Salives, Germoles, Pouilly-en-Auxois, Pouilly-sur-Saône, Brazey, Pagny, Argilly, Volenay, Vergy et Talant, pour les recevoir quand ils se livraient au noble plaisir de la chasse; cependant on a encore voulu voir

1. Arch. de la Cote-d'Or, B. 1398.

dans beaucoup de fermes isolées sur les limites des forêts, des rendez-vous de chasse des ducs de Bourgogne. Sans nier absolument l'existence de ces pavillons de chasse, puisque nous donnerons plus loin le plan de l'un d'eux dans la forêt d'Argilly, nous pensons que les ducs, lors de leurs déplacements de chasse, usèrent la plupart du temps, jusqu'à la fin du quatorzième siècle, de leurs droits de giste dans les abbayes et les villes qui y étaient astreintes; et quand ils eurent étendu considérablement le nombre de leurs châtellenies, qui devinrent alors distantes les unes des autres d'une journée de marche à peine, ils ne songèrent pas à construire des pavillons sur les lisières des forêts.

Le grand Cartulaire de la Chambre des comptes de Bourgogne [1] donne les noms des villes qui doivent le « giste des chiens de monseigneur le duc de Bourgoingne » :

« Li giste es chiens le duc. — Villotte sur Chastoillon [2]. — Monzeon [3]. — Massinge [4]. — Monlion [5]. — Estroiches [6]. — Poisseon [7]. — Bisse [8]. — Cerille [9]. — Chauome [10]. — Corcelles [11]. — Bunce [12]. — Chameeon [13]. — Ampilly les Bordes [14]. — Saint Germain de Lehée Faille [15]. — Trohaux [16]. — Flurex [17].

1. Arch. de la Côte-d'Or. B. 10423.
2. Villotte sur Chastoillon. — Villotte-sur-Ource, canton et arrondissement de Châtillon-sur-Seine (Côte-d'Or).
3. Monzeon. — Mosson, cant. et arr. de Châtillon-s.-S. (C.-d'Or).
4. Massinge. — Massingy, cant. et arr. de Chatillon-s.-S. (C.-d'Or).
5. Monlion. — Montliot et Courcelles, cant. et arr. de Châtillon-s.-S. (C.-d'Or).
6. Estroiches. — Etrochey, cant. et arr. de Châtillon-s.-S. (C.-d'Or).
7. Poisseon. — Poinçon, cant. de Laignes, arr. de Châtillon-s.-S. (C.-d'Or).
8. Bisse. — Bissey-la-Pierre, cant. de Laignes, arr. de Châtillon-s.-S. (C.-d'Or).
9. Cerille. — Cerilly, cant. de Laignes, arr. de Châtillon-s.-S. (C.-d'Or).
10. Chauome. — Chaume, cant. de Baigneux-les-Juifs, arr. de Châtillon-s.-S. (C.-d'Or).
11. Corcelles. — ?
12. Bunce. — Buncey, cant. et arr. de Châtillon-s.-S. (C.-d'Or).
13. Chameeon. — Chamesson, cant. et arr. de Châtillon-s.-S. (C.-d'Or).
14. Ampilly les Bordes. — Ampilly-les-Bordes, cant. de Baigneux-les-Juifs, arr. de Châtillon-s.-S. (C.-d'Or).
15. S. Germain de Lehée Faille. — Saint-Germain-la-Feuille, cant. de Flavigny, arr. de Semur (C.-d'Or).
16. Trohaux. — Trouhaut, cant. de Saint-Seine-l'Abbaye, arr. de Dijon (C.-d'Or).
17. Flurex. — Fleurey-sur-Ouche, cant. ouest et arr. de Dijon (C.-d'Or).

— Betrant [1]. — Boillant [2]. — Clavoillon [3]. — Buxe en Chaume [4]. — Maville [5]. — Mandelon [6]. — Escharnant [7]. — Beligne [8]. — Li Festez [9]. — Jours [10]. — Dyenay [11]. — Recilet [12]. — Changez [13]. — Saise [14]. — La Ville Dieu [15]. — Senecey [16]. — Espagnez [17]. — Turcé [18]. — Escoutet [19]. — Nuiz [20]. — Bauger [21]. — Chasteaul Moron [22]. — Varenes [23]. — Sainsleu [24]. — Syvres [25]. — Saint Cosme [26]. — Oigné [27]. — Burgoingnon [28]. — Morecanges [29]. — Pomart [30]. — Li Boessous [31]. — Corgeolains [32].

1. Betrant. — Bruant, comm. de Detain, cant. de Gevrey (C.-d'Or).
2. Boillant. — Bouilland, cant. de Bligny-sur-Ouche, arr. de Beaune (C.-d'Or).
3. Clavoillon. — Clavoillon, hameau de Bessey-en-Chaume, cant. de Bligny, arr. de Beaune (C.-d'Or).
4. Buxe en Chaume. — Bessey-en-Chaume, cant. de Bligny-sur-Ouche, arr. de Beaune (C.-d'Or).
5. Maville. — Mavilly, cant. et arr. de Beaune (C.-d'Or).
6. Mandelon. — Mantelot, h. de Mavilly, arr. de Beaune (C.-d'Or).
7. Escharnant. — Escharnant, h. de Montceau, cant. de Bligny, arr. de Beaune (C.-d'Or).
8. Beligne. — Bligny-sur-Ouche, arr. de Beaune (C.-d'Or).
9. Li Festez. — Lefète, cant. d'Arnay-le-Duc, arr. de Beaune (C.-d'Or).
10. Jours. — Joursanvaux, cant. de Nolay, arr. de Beaune (C.-d'Or).
11. Dyenay. — Dinay, h. d'Épinac, arr. d'Autun (Saône-et-Loire).
12. Recilet. — Ressille, h. d'Épinac, arr d'Autun (S.-et-L.).
13. Changez. — Changey, h. de Saizy, cant. d'Épinac (S.-et-L.).
14. Saise. — Saizy, cant. d'Épinac, arr d'Autun (S.-et-L.).
15. La Ville Dieu. — La Ville-Dieu, comm. de Torcy?
16. Senecey. — ?
17. Espagnez. — Époigny, comm. de Couches-les-Mines, arr. d'Autun (S.-et-L.).
18. Turcé. — Torcy, cant. de Montcenis, arr. d'Autun (S.-et-L.).
19. Escoutet. — Les Couchets, comm. de Couches-les-Mines, arrond. d'Autun (S.-et-L.).
20. Nuiz. — Nuit, h. de Morey, cant. de Givry, arr. de Chalon-s.-S. (S.-et-L.).
21. Bauger. — Beaugey, h. de Morey, cant. de Givry, arr. de Chalon-s.-Saône (S.-et-L.).
22. Chasteaul Moron. — Châtel-Moron, com. de Givry, arr. de Chalon-s.-Saône (S.-et-L.).
23. Varenes. — Varennes-le-Grand, cant. et arr. de Chalon-s.-S. (S.-et-L.).
24. Sainsleu. — Saint-Loup-de-Varennes, cant. et arr. de Chalon-s.-S. (S.-et-L.).
25. Syvres. — Sevrey, cant. et arr. de Chalon-s.-S. (S.-et-L.).
26. Saint Cosme. — Saint-Cosme, cant. et arr. de Chalon-s.-S. (S.-et-L.).
27. Oigné. — Aignay, h. de Muresanges, cant. sud et arr. de Beaune (C.-d'Or).
28. Burgoingnon. — Bourguignon, h. de Muresanges, cant. sud et arr. de Beaune (C.-d'Or).
29. Morecanges. — Muresanges, cant. sud et arr. de Beaune (C.-d'Or).
30. Pomart. — Pommard, cant. et arr. de Beaune (C.-d'Or).
31. Li Boessons. — Buisson, h. de Serrigny, cant. et arr. de Beaune (C.-d'Or).
32. Corgeolains. — Corgoloin, cant. de Nuits, arr. de Beaune (C.-d'Or).

— Muhuyler [1]. — Voone [2]. — Poncez [3]. — Flages [4]. — Ville Bichot [5]. — Vooget [6]. — Chaux [7]. — Nuiz. [8]

En effet, parmi les charges imposées aux vassaux par les usages de la féodalité, une de celles qu'on rencontre le plus fréquemment est l'obligation de nourrir les chiens du seigneur, soit d'une façon permanente, soit lorsqu'il vient chasser dans les environs, et il n'est pas étonnant de voir relater avec soin dans le Cartulaire de la chambre des comptes le nom de toutes les villes qui devaient ce droit. Il ne faudrait pas croire que le droit de gîte des chiens consistât simplement à héberger les chiens du duc ; à ce droit de gîte se joignaient souvent le brennage, droit au pain pour les chiens, puis le droit de gîte pour les chevaux, les valets de chiens, les piqueurs et le duc lui-même.

C'est du moins ce que tend à prouver la déclaration faite en 1042 par le duc Robert I renonçant au droit de gîte qu'il avait à Gilly, propriété de l'abbaye de Saint-Germain-des-Prés. « Has omnes consuetudines guerpivi, scilicet mei hospitalem susceptionem, et canum meorum hospitalitatem, et pabulum necnon caballorum meorum custodumque eorum. »

En 1189, Hugues III remet à jamais le droit de gite à l'abbaye de Saint-Seine, et dans son testament en date de 1361, le duc Philippe de Rouvres quitte aussi ce même droit en ces termes :

Item nous remectons et quictons pour l'âme de nous et de nos prédécesseurs tous les séjours de chevaulx, de varlez qui nous sont deus tant en la duchié de Bourgoingne comme en nos aultres terres en pais, soit en églises, en villes ou en granges. Item semblablement

1. Muhuyler. — Meuilley, cant. de Nuits, arr. de Beaune (C.-d'Or).
2. Voone. — Vosne, cant. de Nuits, arr. de Beaune (C.-d'Or).
3. Poncez. — Ponce, lieu détruit, comm. de Boncourt-le-Bois, cant. de Nuits, arr. de Beaune (C.-d'Or).
4. Flages. — Flagey-lès-Gilly, cant. de Nuits, arr. de Beaune (C.-d'Or).
5. Ville Bichot. — Villebichot, cant. de Nuits, arr. de Beaune (C.-d'Or).
6. Vooget. — Vougeot, cant. de Nuits, arr. de Beaune (C.-d'Or).
7. Chaux. — Chaux, cant. de Nuits, arr. de Beaune (C.-d'Or).
8. Nuiz. — Nuits, cant. et arr. de Beaune (C.-d'Or).

quictons et remectons tous gistes de chiens et de veneurs et les pains deuz pour cause d'iceulx chiens en quelconques églises et villes que ce soit en nos dictes terres et pais. [1]

En 1360 le jeune duc, au moment où il réorganisait sa vénerie, n'avait pas encore songé à supprimer le droit de brennage, comme le prouvent les ordonnances qu'il rendit le 5 mars de cette année :

Ce sont les ordenances faites sur les veneurs de monseigneur le duc le ve jour de mars l'an mil ccclx, pour messires de Besançon, de Montfort, de Mombéliard, de Mavoilli, maistre Pierre Ainet et Gille de Montagu.

Item aura messire deux veneurs à chevaul. C'est assavoir Compaignot et ung autre et auront chascung ung chevaul et ung roucin pour pourter les cordes et pour eulx et lours chevaulx gouverner prandront et auront les deux vint florins pour mois.

Item auront avec eulx quatre vellez a pié qui auront et panront pour mois, les quatre, seize florins de Florence.

Item auront et tanront dix-huit chiens courrans, deux limiers et dix que levriers que mastins et pour les gouverner auront chascung mois six sextiers de gros blef, orge, soigle et avoine pour tiers à la messure d'Aignai ou de Chastoillon et avec ce auront le penage du pour cas des diz chiens.

Item pour lours vesteures, chauceures, selles, usiaux, esperons et aultres chouses qu'il ont accostousme de panre sur monseigneur, il auront et panront les gistes desdiz chiens et pour mice et les gaiges dessus diz ne serai monseigneur tenuz deulx livrer fuers lours montures seulement. Il est assavoir que li maistres veneurs qui recevrai ces chouses serai tenuz de admistier aus quatre vellez lours vesteures et chauceures necessaires.

Item pendant il seront devers monseigneur il mangeront a court et seront lours chevaux livrez et pour celli temps ne panront ou auront aucuns gaiges et seront enregistrées ou papier de l'ostel les journées qu'il y auront esté et empourteront certiffication devers celli qui lour paiera lours gaiges avant ce qu'il soient paiez et a court seront tenuz de gouverner les diz chiens a lours missions.

Item lour serai délivrez li diz blez et lours diz gaiges paiés pour la main et ordenance du gruhier de Bourgoingne, liquelx manderay aux

1. *Cartulaire de Citeaux*, 185, p. XVII. Arch. de la Côte-d'Or.

chastellains de la duchié a lour délivrez des blez ainsin que li requerrait et que lour samblera mieux selonc les lieux ou il devront aler chacier et aussi mandera li diz gruier lour delivrer sel pour saler les venoisons qu'il panront.

Item durera ceste ordenance jusques a ung an.

A la suite est l'approbation du duc Philippe, donnée à Argilly le 6 mars 1360, et le mandement d'exécution de Jehan de Saulx, gruier de Bourgogne, donné à Aignay le 19 mars de la même année.

Le jeune duc avait approuvé cette ordonnance au moment où il était parti chercher Marguerite de Flandres, avec laquelle son mariage était décidé. Les fêtes du mariage avaient laissé passer la date d'échéance de cette ordonnance et quand le 21 novembre 1361, Philippe mourait en son château de Rouvres, rien n'avait été changé aux dispositions de 1360, sauf en ce qui concerne les droits de gite et de brennage dont il avait fait la remise par son testament.

Le 23 décembre 1361, le roi Jean arriva à Dijon prendre possession du duché de Bourgogne. C'est alors que commence la race des quatre grands ducs de Bourgogne, les plus puissants et les plus riches seigneurs de leur temps, dont la cour éclipsa toutes les cours d'Europe en luxe et en magnificence, et dont les équipages de chasse étaient les plus renommés.

CHAPITRE DEUXIÈME

Ordonnances de Jean sans Peur, de Philippe le Bon et de Charles le Téméraire. — États de la vénerie des ducs de Bourgogne, du roi Charles IV, des ducs d'Orléans et de Bretagne. — Les maîtres veneurs. — Les veneurs. — Comptabilité de la vénerie. — Livrées. — Chevaux. — Harnachements. — Cors de chasse. — Meutes.

L'auteur des *Mémoires pour servir à l'histoire de France et de Bourgogne*, imprimés à Paris en 1729, a donné sous le titre d'Etat des officiers et domestiques de Philippe le Hardi, de Jean sans Peur, de Philippe le Bon et de Charles le Téméraire, une liste d'officiers de vénerie qui surfait par trop la réputation de splendeur de la cour de Bourgogne. Nous avons été assez heureux pour retrouver des certificats de paiement des officiers de la vénerie, et surtout des ordonnances des ducs de 1405, 1427 et 1467, qui nous permettront de rétablir la vérité et de donner des chiffres exacts.

L'importance de ces documents est telle que nous pensons devoir les publier en entier et les faire suivre d'un résumé comparatif du personnel de la vénerie de Philippe de Rouvres, Philippe le Hardi, Jean sans Peur, Philippe le Bon, Charles le Téméraire, du roi de France et des grands seigneurs contemporains. Les ordonnances des ducs donneront une idée très juste de l'importance attachée par ces puissants seigneurs à leur vénerie.

C'est l'ordonnance faite par monseigneur le duc de Bourgongne, conte de Flandres, d'Artois et de Bourgongne, sur le fait et gouvernement de sa vénerie.

Premièrement, veult avoir mondit seigneur en sa vénerie cinquante et cinq chiens courans, cinq lymiers et trente-quatre levriers, et que chacun d'iceulx, tant levriers comme aultres, ait viii pains chacun jour, le pain pesant viii onces. Et l'en fait en la émine mesure de Dijon quatre vingt dix douzaine de pain dudit poys pour ce que l'en n'en oste riens, qui feroit par jour à ce pois soixante et deux douzaines et huict pains, qui font onze quartrenches pour chacun jour et par moys vint émines et demie et deux quartrenches. Et ainsi monteroit par an a deux cens quarante et sept émines et demie, dicte mesure de Dijon.

Item veult mondit seigneur que son maitre veneur certiffie à la fin de chacun moys a ses maistres d'ostel le nombre des chiens qu'il aura euz en sa vénerie tout le moys et que il ne passe point le nombre de l'ordonnance dessus dite. Et se il le passe, ne li en sera aucune chose compté. Et s'auscuns desdiz chiens sont mors ou perdus, ou que mondit seigneur en ait aucuns donnez, que ledit maistre veneur certiflie le jour de la desereue de son hostel par ses diz maistres d'ostel.

Item veult mondit seigneur que le fournier de la vénerie, lequel est à gaiges, soit chargé de rendre pour une chacune émine de blé dicte mesure de Dijon, lesdictes iiii^{xx}x douzaines de pain dudit poys et de recevoir ledit blé du grénetier de Bourgongne, c'est assavoir blé par moitié froment et segle ou cas que le grénetier le pourra fixer, et se il ne peut fixer segle il leur baillera tout froment, et sera tenus ledit fournier de rendre ledit blé conduit et de paier le charroy et autres voitures a ses frais, moyennant que ses gages lui demourront.

Item veult mondit seigneur que le clerc de la vénerie, qui est semblablement à gaiges, soit tenus de pourchacier devers le grénetier les blez pour la despense desdiz chiens et les faire charroier aus fraiz dudit fournier et aussi de recevoir le pain quant il sera cuit, et de le faire peser froit et rassis et de savoir chacun jour combien il y aura de déchiet pour petit poys, afin de le rabattre au fournier au profit de monseigneur, et de faire livrer ledit pain au maistre veneur ou a celli qui y sera commis de par lui.

Item veult mondit seigneur que son maistre veneur ait pour tous feutres, laisses, cordes, chandelles, oignements, hostellages de chiens, charoys pour aler de logis en autre et pour porter hernoys et pain à la chasse et autres choses ving et cinq solz tournoiz pour chacun moys qui montent par an quinze livres tournoys. Et sera chargé ledit maistre veneur de donner pain aux gens estrangés qui vendront à la chasse tenir les levriers et aussi aux chiens estrangés..... à la chasse, sens demander pour ceste cause aucune creue de pain fors que les viii pains dessus declairez pour chacun chien dudit nombre et ordonnance, car pour ceste cause lui en baille l'en plus largement.

Item veult mondit seigneur que ou cas que son maistre veneur chasseroit ou feroit chacier en la saison d'iver aus pors, par vautroy ou autrement d'autres chiens que ceulz de sa vénerie, de laquelle chasse il ne veult point qu'il soit aucune chose compté, se ce n'est que il ait mandement de lui pour ce faire, par lequel mandement ensemble sa certiffication on comptera la despense faite en ladite chasse des gens et chiens estranges seulement par les escroes de la despense de son hostel.

Item veult mondit seigneur que ou cas que son dit maistre veneur vouldroit par son ordonnance ou par celle de ses maistres d'ostel saller des venoisons tant cerfs comme sangliers, que il preigne du sel dans ses greniers de Bourgongne, duquel il fera recepte et en fera sa certifficacion aus maistres d'ostel de mondit seigneur de ce que il en aura receu ensemble du nombre et quantité des venoisons qui en auront esté salées, dont il sera tenus de rendre compte par devant lesdiz maistres d'ostel.

Item veult mondit seigneur que toute la despense de sa vénerie soit dorenavant comptée par les escroes de la despense de son hostel, sens ce qu'il en soit aucune chose compté par mandement. Et pour que ce soit chose plus ferme, que le double de ceste présente ordonnance soit enregistré en la chambre des comptes à Dijon.

Ceste présente ordonnance faite à Lens, en Artois, par mondit seigneur, en la présence de monsieur de Saint George, de monsieur de Croy, des chambellans et conseillers, de messire Jehan Pioche, de messire Pierre de Fontenoy, ses maistres d'ostel, et de Jehan de Foussy, son maistre veneur, lequel la eue aggréable et promis de la tenir sans enfreindre en aucune manière, le xxiiie jour de juing l'an mil quatre cens et cinq.

Cette ordonnance de Jean sans Peur s'occupe spécialement de la nourriture des chiens et ne donne pas de détails sur le personnel de la vénerie ; l'ordonnance de l'année 1427 du duc Philippe le Bon est beaucoup plus complète et nous donne l'état de la vénerie ducale de Bourgogne, au moment de son organisation parfaite.

Philippe, duc de Bourgongne, conte de Flandres, d'Artois et de Bourgongne, palatin, seigneur de Salins et de Malines, a notre amé et féal conseiller et receveur général de Bourgongne, Mathieu Regnault, salut et dilection. Comme nous avons ordonné prendre et avoir de nous chacun an, tant comme il nous plaira sur notre recepte générale de Bourgongne, aux gens de notre vénerie la somme de deux mille francs, pour les causes et en la manère cy apres déclairée : c'est assavoir pour le vivre de cinquante chiens courans, cinq lymiers et trente levriers, qui font en tout quatre vins quinze chiens, que avons ordonné et ordonnons ordinairement estre en nostre vénerie, pour le vivre desquels chiens voulons et ordonnons par ces présentes estre par vous baillé et delivré chacun an deux cens émines de grains mesure de Dijon, tant froment comme orge au clerc de notre dite vénerie, présent et advenir, dont il baillera sa lettre de recepte a celuy ou ceulx de qui par notre ordonnance il recevra lesdits grains et en sera tenu de rendre compte en la chambre de nos comptes a Dijon, ainsi qu'il appartiendra, lesquels grains pourront valoir par communes années environ quatre cent quatre vingt trois francs.

Item voulons et ordonnons prendre et avoir de nous par vos mains chacun an ausdits gens de notre vénerie, tant pour leurs gaiges ordinaires, et pour leurs robes, comme pour chevaulx et cordes, la somme de quinze cens dix sept francs. C'est assavoir a notre amé Jehan de Foissy, maistre de notre vénerie, pour ses gaiges ordinaires sept vins francs, pour sa robe dix francs, et pour chevaulx trente francs, qui font neuf vins francs. A Huguenin de Gissey, notre veneur, pour ses gaiges ordinaires cent francs, pour sa robe huit francs et pour chevauls vingt francs : tout six vins huit francs. A Guyot de S. Anto pour semblable : six vins huit francs. A Jehan de la Caille pour semblable : six vins huit francs. A Jehan Mouton pour semblable : six vins huit francs. A Guyot Benoist, clerc de notre dicte vénerie, pour ses gages ordinaires : cinquante cinq francs, pour sa robe huit francs et pour chevauls vingt francs, qui font soixante treize francs. A Guyot Picquet, ayde de notre vénerie, pour semblable : soixante treize francs. A Jehan Drouhot, varlet de nos chiens, pour ses gaiges ordinaires : trente six francs, et pour sa robe sept francs, qui font quarante trois francs. A Robert Bajole, pour semblable : quarante trois francs. A ... dit le Garnement et a Jehan Godenaire : a chacun quarante trois francs, font quatre vins six francs. A Hénequin Arguet, pour semblable : quarante trois francs. A Jehan Piquet, page de nos chiens, pour semblable : quarante trois fancs. A Huet Colin, pour semblable : quarante trois francs. A Billoquot Laboquoy, pour semblable : quarante trois francs. A Chrestien Picquet, pour semblable : quarante trois francs. A Jehan Fournier, varlet de leuvriers, pour semblable : quarante trois francs. A Drouot David, pour semblable : quarante trois francs. A Richard Lieubert, pour semblable : quarante trois francs. A Laurent Russemet, paige de nos leuvriers, aussi quarante trois francs. A Jehan Vivient, dit Marguet, fournier, pour ses gaiges ordinaires, trente francs, et pour sa robe sept francs, font trente sept francs. A deux soubspaiges de nosdits chiens, a chacun cinq francs pour une robe seulement, font dix francs, et pour cordes a faire couples, pour litière et pour les frais et missions de charroier le pain desdits chiens de lieu en autre, qui se livre au clerc de notre dite venerie, qui en tiendra le compte, trente francs. Ainsy montent toutes les dessus dites parties à ladite somme de deux mil francs.

Item voulons et ordonnons, parmi ce que nos dits gens de notre dite vénerie ne ayent sur notre peuple aucune prinse de blefs, ne d'aultres vivres, foing, feurre, ne aultres choses quelconques, en quelque manère que ce soit, sinon en payant raisonablement et compétamment tout ce que pourroit valoir lesdits vivres et aultres choses quelconques, sur la foy et serment qu'il ont à nous.

Item, semblablement voulons et ordonnons que le clerc de notre dite vénerie, présent et advenir, compte chacun an en notre dite chambre des comptes a Dijon, de tout ce qu'il recevra, tant pour le vivre de nos dits chiens, comme de trente francs ordonnés pour cordes, dont dessus est faite mention, et aultrement à cette occasion, en prenant et rapourtant pour son acquit dudit Jehan de Foissy, notre maistre veneur, certification de la quantité de blef qui sera délivré loyalement et sans fraude pour la despense de nos ditz chiens, jusques a la valeur desdites deux cens émines et au dessoubs : ensemble certiffication dudit maistre veneur sur le payement des gaiges des gens d'icelle notre vénerie, du temps qu'il auront servis, affin que celli ou ceulx qui ne serviront ne soient payés et satisfaits, sinon du temps qu'il auront servis seulement, comme raison est. Et en oultre ordonnons que doresnavant n'y ait plus aultre personne qui tienne aucun compte de ce que dit est, fors seulement en la manère sus déclairée.

Item voulons et ordonnons que les robes de nos dits veneurs soient faictes chacun an de nostre livrée, toutes pareilles, d'une couleur et livrée, selon notre bon plaisir et qu'il sera advisé par ledit maistre veneur.

Item voulons et ordonnons que ou le cas que le nombre des chiens dessus déclairé ne sera en ladite vénerie, que l'on ne délivre des grains que au pris et a la valeur, et selon ce qu'il y aura de chiens seulement, dont il apperra par certiffication dudit maistre veneur, tant sur le nombre desdits chiens, comme sur la quantité dudit blef nécessaire pour le vivre desdits chiens au dessoubs de la quantité par nous ci dessus advisiée, et de ce comptera le clerc de notre dite vénerie, par certiffication dudit maistre veneur, comme il appartiendra.

Item voulons et ordonnons ausdits gens de notre vénerie, que soions bien et diligemment servis de plusieurs manières de venoisons et par espécial, quand nous serons en nosdits pays de Bourgongne et es lieux environ.

Item voulons et ordonnons que ceste présente ordonnance commence le premier jour de ce présent mois de janvier mil quatre cens vint sept. Si voulons et expressement vous mandons que des deniers de votre recepte vous payés, baillés, délivrés et appointés lesdites sommes d'argent et de grains, tant audit Guyot Benoist, comme audit maistre veneur, et aultres dessus nommés, c'est assavoir a chacun d'eulx, comme il appartient, pour l'an que dessus finissant au dernier jour de décembre ensuiguant mil quatre cens vint huit et doresnavant chacun an en la manère ci dessus declairée, tant comme il nous plaira, et par rappourtant pour une et la première fois ces présentes coppies d'icelles fait sous scel autentique ou collationnée par un de nos sécretaires ou en la chambre de nos comptes a Dijon, et les lettres, quictances et certiffication requises et nécessaires a rapourter ; tant seulement tout ce qui a ceste cause sera par vous payé, sera alloué en la despense de vos comptes et rabattu de votre recepte par nos amés et féaulx les gens de nos dits comptes a Dijon, ausquels nous mandons que ainsi le facent sans aucun contredit ou difficulté, selon et par la manère dessus declairée, nonobstant quelsconques ordonnances ou deffenses a ce contraires. Donné a Dijon le vingtième jour de janvier l'an de grace mil quatre cens vint sept.

A cette époque la grandeur et la puissance des ducs de Bourgogne étaient à leurs apogées, et Philippe le Bon se montrait jaloux de régler jusqu'à la livrée des gens de sa vénerie, sans trop supputer ce que coûterait à son trésor l'entretien d'un personnel si nombreux. Mais Charles le Téméraire, ardent chasseur dans sa jeunesse, quand il n'est encore que comte du Charrolois, va bientôt être obligé de réduire ses dépenses pour soutenir la guerre contre ses puissants ennemis, et le budget de sa vénerie n'échappera pas à ses réformes financières.

Ordonnance et restinccion selon laquelle monseigneur le duc de Bourgoingne, de Brabant, veult que la vénerie de ses pays de Bourgoingne soit doresnavant gouvernée et conduicte.

Premièrement messire Jacques de Montmartin, chevalier, maistre veneur de ladite vénerie qui souloit prendre de mondit seigneur pour chacun an pour gaiges, chevaul et robe, la somme de neuf vins francs royaulx, aura seulement pour toutes choses chascun an six vins dix francs royaulx.

Item veult et ordonne mondit seigneur qu'il ait en ladicte vénerie trois veneurs gentilz hommes, c'est assavoir Symon de Damas, Perrot Darento et Guillaume de Fussy, lesquelx souloient avoir pour la cause devant dicte chacun six vins huit francs par an, mondit seigneur les réduit et restrinct chacun a quatre vins francs par an qui font a la somme de deux cens quarante francs.

Item et au regart de Jehan de Gand qui souloit estre veneur en ladicte vénerie pour restraindre et cuicter l'excessive despense et nombre de gens qui estoit en icelle, mondit seigneur l'en descharge et déporte et veult quil ny ait que les trois veneurs devant diz.

Item au lieu de deux aides qu'il avait en ladicte vénerie, lesquelx souloient prendre pour chacun deulx quatre vins trois francs par an tant pour gaiges, chevaulx, que pour robes, mondit seigneur veult et ordonne qu'il n'y ait que un aide seulement nommé Anthoine Oudart, qui aura cinquante francs par an et au regart de Richart Duret qui souloit estre aide en ladicte vénerie, mondit seigneur l'en deschappe pour ce icy cinquante francs.

Item veult et ordonne mondit seigneur que ou lieu de cinq varlés de limiers quil souloient estre en ladicte vénerie, lesquels avoient chacun an, tant pour gaiges que pour robes, quarante trois francs par an, ny aura que quatres varlés de limiers seulement qui auront chacun deulx trente francs par an, font six vins francs.

Item ordonne mondit seigneur que ou lieu de cinq paiges de chiens qui souloient estre en ladicte vénerie, lesquels prenaient semblablement par chacun an, tant pour gaiges que pour robes, quarante trois francs, ny aura que quatre paiges de chiens seulement qui auront chascun deulx vint sept francs par an, et au regart du cinquième mondit seigneur l'aboulit; pour ce icy cent huict francs.

Item veult et ordonne mondit seigneur quil y ait quatre varlez de livrées, lesquelz souloient prendre par an chascun deulx quarante trois francs, auront seulement chascun vint sept francs par an, font cent huict francs.

Item le fournier de ladicte vénerie qui souloit prendre par an trente sept francs, aura seulement par chascun an vint francs.

Item aura en ladicte vénerie deux soubz paiges, assavoir lun pour les chiens courrans et l'aultre pour les levriers, qui auront chascun par an cinq francs, font dix francs.

Item veult et ordonne mondit seigneur quil y ait en ladicte vénerie soixante chiens courrans et cinq limiers pour les deux saisons et trente levriers, qui font pour tout : quatre ving quinze, pour le gouvernement desquels tant pour pain, hostelaiges, litières, charroiage de pain, couliers de leuvriers, bois, charbon aussi pour norrir les caiaulx des chiens courrans et toutes autres choses nécessaires appartenans a ladicte vénerie. Et aussi pour le moulaige du blef, pour le vivre des chiens et pour le fourraige dicellis, ledict messire Jaques de Montmartin aura pour la conduicte, entrettenement et gouvernement des choses dessus dictes pour chascun an, la somme de quatre cens quatorze francs.

Somme de ladicte vénerie pour chascun an : douze cens francs royaulx.

Au bas est l'ordonnance de Charles le Téméraire datée de Bruxelles le 28 janvier 1467, qui prescrit l'exécution de cette réforme dans le personnel de la vénerie.

Les états comparatifs de composition de la vénerie du roi, des puissants seigneurs et des différents ducs permettent de se rendre compte du luxe de la cour de Bourgogne, qui atteint tout son éclat sous Jean sans Peur et Philippe le Bon.

La vénerie de Philippe de Rouvres comprenait : 2 veneurs à cheval, 4 valets de pied, 18 chiens courants, 2 limiers, et 10 levriers et mâtins.

La vénerie de Philippe le Hardi : 1 maitre veneur, 5 veneurs, 1 aide de vénerie, 13 valets, 1 clerc et 11 pages.

La vénerie de Jean sans Peur : 1 maître veneur, 4 veneurs, 2 aides de vénerie, 5 valets de chiens, 5 pages de chiens, 1 page de levriers, 3 valets de levriers, 1 clerc, 1 fournier, 55 chiens courants, 5 limiers et 34 levriers.

La vénerie de Philippe le Bon, en Bourgogne : 1 maître veneur, 4 veneurs, 1 aide de vénerie, 5 valets de chiens, 5 pages de chiens, 3 valets de limiers, 1 page de levriers, 1 fournier, 1 clerc, 2 sous-pages de chiens, 50 chiens courants, 5 limiers et 30 levriers; et en Brabant : 2 maîtres veneurs, 2 veneurs à cheval, 5 valets de limiers, 1 valet courrier, 4 valets de la meute, 4 valets de levriers, 1 garde lardier et 1 porteur de venaison.

La vénerie de Charles le Téméraire : 1 maître veneur, 3 veneurs, 1 aide de vénerie, 4 valets de limiers, 4 pages de chiens, 4 valets de livrée, 2 sous-pages, 1 fournier, 60 chiens courants, 5 limiers et 30 levriers.

La vénerie du roi Charles VI : 1 maître veneur, 6 veneurs, 2 aides de vénerie, 1 clerc, 10 pages et 11 valets, 92 chiens pour le cerf, 5 limiers, 30 levriers, 90 chiens courants, 3 limiers et 24 chiens de sangliers. [1]

La vénerie du duc Louis d'Orléans : 1 maître veneur, 1 premier veneur, 3 veneurs, 1 aide de vénerie, 1 clerc, 3 valets de levriers, 6 valets de chiens courants, 7 pages de chiens courants, 3 pages de levriers, 2 valets pour coucher avec les chiens, 98 chiens courants, 8 limiers et 32 levriers.

La vénerie du duc de Bretagne : 1 maître de vénerie, 4 valets à cheval, 2 valets à pied, 12 levriers et 24 chiens courants.

En résumé, la vénerie des ducs de Bourgogne était fort importante et pouvait rivaliser avec celle du roi, sans arriver aux proportions que lui attribuent les mémoires mentionnés plus haut, d'après lesquels la vénerie de Philippe le Hardi eût coûté à ce prince 10,000 francs par an, et aurait compris : 1 grand veneur, 24 veneurs, 12 aides de vénerie, 6 pages de vénerie, 1 clerc, 24 valets de vénerie, 120 hommes de livrée, 6 pages de chiens courants, 6 pages de levriers, 12 sous-pages de chiens, 6 gouverneurs de valets de chiens, 6 valets de

1. Clavé, *la Chasse en France. Rev. des Deux Mondes*, 1er juillet 1868.

1 2 3 4

5 6 7 8

SCEAUX DES VENEURS

chiens limiers, 6 valets de chiens levriers, 12 valets de chiens courants, 6 valets d'épagneuls, 6 valets de petits chiens, valets de chiens anglais, valets de chiens d'Artois, boulangers et garçons boulangers du pain des chiens. L'énumération finit là ; mais jamais le faste de la cour de Bourgogne n'a atteint ce luxe de personnel. S'il nous est difficile de contredire le nombre des valets de chiens, nous pouvons affirmer qu'il y eut au plus 9 veneurs ordinaires et jamais 24 ; qu'il n'y eut qu'un aide de vénerie et non pas 12 ; réduisons dans la même proportion la liste ci-dessus et nous arriverons au chiffre déjà fort respectable donné par le maître veneur Gille de la Buffe en 1398, dont le certificat comprend : 1 maître veneur, 5 veneurs, 1 aide de vénerie, 13 valets, 1 clerc et 11 pages.

L'office de maître veneur ne semble pas avoir existé sous Philippe de Rouvres, du moins son ordonnance de 1360 n'en fait pas mention ; mais à partir de 1364 nous trouvons la liste complète des maîtres veneurs :

Jehan Habream [1] (1364), Hugues de Villers (1367), Guillaume de Franconville [2] (1391-1393), Perrot de Brys [3] (1393-1397), Gilles de la Buffe (1398-1404), Jehan de Foissy (1407-1430), Huguenin de Gissey (1458), Jacques de Montmartin (1467-1471).

En 1409 le maître veneur touchait 120 francs de gages; en 1427 il a 140 francs, 10 francs pour sa robe et 30 francs pour ses chevaux, en tout 180 francs. En 1467, après la réduction de la vénerie par Charles le Téméraire, le maître veneur n'a plus que 120 francs. Mais dans les moments difficiles, les gages des officiers de la vénerie étaient réduits comme ceux de tous les officiers de la maison ducale. Dans le compte de 1429-1430 il est dit que le duc a réduit leurs gages de moitié à cause de la difficulté des temps.

Nous ignorons les débuts d'Habream, de Villers, de Franconville, de Gissey et de Montmartin; mais nous savons que les

1. V. son sceau, pl. I, n° 1.
2. V. son sceau, pl. I, n° 5.
3. V. son sceau, pl. I, n° 6.

trois autres furent élevés à la dignité de maîtres veneurs après avoir été simples veneurs. Ainsi, Gille de la Buffe est institué veneur le 9 avril 1382, et en 1398 il est à la tête de la vénerie en qualité de maître veneur ; on comprend en effet qu'il fallait un long apprentissage pour acquérir la science compliquée de la vénerie.

Ces maîtres veneurs appartenaient à de grandes familles de Bourgogne ; ils joignaient d'autres titres et d'autres fonctions aux titres et aux fonctions de veneur ; et, quand à raison de ces autres fonctions ils quittaient la Bourgogne, ils se choisissaient un lieutenant. Ainsi en 1471, Jacques de Montmartin, « chevalier, seigneur de Ruffey-les-Beaune, conseiller et chambellan de mon très redouté seigneur monseigneur le duc de Bourgogne, maître veneur de Bourgogne, conducteur de cent lances, » étant continuellement et journellement occupé près du duc en Picardie et en Artois à cause des guerres, nomme pour son lieutenant dans l'exercice de la vénerie : Antoine Oudart, d'Auxonne.

Nous donnons aussi la liste des veneurs de 1340 à 1474, car ces veneurs appartenaient tous à des familles importantes, (Charles le Téméraire veut qu'ils soient gentilshommes) et leur fonction était une véritable charge de cour.

Les noms des veneurs qui nous sont parvenus soit par des états du personnel, soit par des certificats de paiement, sont ceux de : Henriet Divor [1] (1380-1383), Gilles de la Buffe (1398), Thiébault de Lugny (1409), Huguenin de Gissey (1409-1433), Guiot de S. Antot (1409-1430), Jehan Anceaul de la Caille (1403-1430), Jehan Mouton (1403-1430), Jehan de Foissy [2] (1398-1403), Guillaume de Brabant (1391-1403), Briffault (1403), Guillaume de Grigny [3] (1383-1403), Jehan Bertrant (1403), Loys Houdoyn (1383-1391), Giles de Beaulieu (1383), Pierre de Bryc (1391), Jehan de Gand (1406), Symon de

1. V. son sceau, pl. I, n° 3.
2. V. son sceau, pl. I, n° 8.
3. V. son sceau, pl. I. n° 2.

Damas (1467), Perrot Darento (1467), Guillaume de Fussy (1467).

Cette liste, qu'il est impossible d'établir chronologiquement, (car pour les uns nous pourrions dire le jour précis de leur entrée en fonctions et de la cessation de ces fonctions, et pour les autres nous n'avons trouvé qu'un nom égaré au milieu d'un état), permet néanmoins de se rendre compte de l'importance attachée par les familles nobles à faire partie de la vénerie des ducs.

Il nous eût été facile aussi, avec les certificats de paiement, de suivre l'auteur des *Mémoires pour servir à l'histoire de France et de Bourgogne* en donnant les noms des aides de vénerie, des valets, des clercs et même des boulangers, mais ces noms n'intéressent ni l'histoire de la vénerie, ni l'histoire générale du duché.

Il sera plus intéressant de connaître ce que coûtaient, en somme, au trésor ducal, les traitements du personnel de la vénerie. Les ordonnances que nous avons données plus haut nous l'ont appris; comme aussi un état de l'année 1409, que nous transcrivons ci-après, nous montrera très clairement la comptabilité de la vénerie ducale.

Cy après sensuit tous ceulx de la vénerie de monseigneur de Bourgongne prenans gaiges de lui chascun an par la main de son receveur de la Montaigne, et la déclaracion aussi des gaiges que un chacun prent et doit avoir :

Jehan de Foissy, maistre veneur.................. .. vii^xx francs.

Guiot de S. Ento, veneur.............................. c f.
Jehan Anceau dit la Caille............................ c f.
Thiebaut de Lugny, veneur........................... c f.
Huguenin de Gissy, veneur........................... c f.

Perrenot Royer dit Coraigeux, ayde de venerie ...... lv f.
Guiot Piquet, ayde de venerie......................... lv f.

Guiot Benoit, varlet de chiens........................ xxxvi f.
Jacquot de Grigny, varlet de chiens.................. xxxvi f.
Jehan Godenaire dit Garnement, varlet de chiens..... xxxvi f.
Jehan Drouot, varlet de chiens........................ xxxvi f.
Perrenoit de Barges dit Pitoul, varlet de chiens...... xxxvi f.

Jehan Aiguet dit Hennequin, paige de chiens.......... xxxvi f.
Michaut Gratis dit No·. ant, paige de chiens......... xxxvi f.
Jehan le Piquart, paige de chiens.................... xxxvi f.
Oudot de Thoire, paige de chiens..................... xxxvi f.
Robert Baigoile, paige de chiens..................... xxxvi f.

Estienne de Lesmon, varlet de levriers.............. xxxvi f.
Huguenin de Barges, varlet de chiens levriers........ xxxvi f.
Jehan Fournier, varlet de levriers.................. xxxvi f.

Drouot Daind, paige de levriers..................... xxxvi f.

Jaquin Vincent, fournier de la vénerie............... xxx f.

Jaquot Robin, clerc de la vénerie.................... xxxvi f.

Somme toute : xiie xx francs.

Jehan, duc de Bourgongne, conte de Flandres, d'Artois et de Bourgongne, palatin, seigneur de Salins et de Malines. A notre amé et féal conseiller, trésorier et général, gouverneur de nos finances, Jehan Sacquespée, salut et dilecion. Savoir faisons que pour ce que nous voulons et désirons les gaiges de noz veneurs et autres de notre vénerie cy dessus en ce présent roole declairez entretenir et pour une fois appointier, sans ce que plus en ayons deulx ne de par eulx aucune poursuite. Nous avons advisié que du premier jour de janvier denièrement passé et dorénavant tant comme il nous plaira ils aient et prengnent leurs diz gaiges a deux termes en l'an sur notre recepte de la Montaigne. Si vous mandons que par notre amé receveur dicelle recepte Jaquinot Daigueville vous faittes dudit premier jour de janvier et dorénavant paier, bailler et délivrer a noz veneurs, aides, varlez de chiens et aultres de notre vénerie déclairez oudit roole les gaiges qui y sont contenuz aux termes qui sensuit. C'est assavoir la moitié a Pasques et l'aultre moitié a la Toussains. Dont nous voulons le premier terme estre a Pasques prouchain venant. Et par rapportant pour une et la premiere foiz seulement *vidimus* de ces présentes soubz seeel autentique ou copie collationnée par l'un de noz sécretaires avec quictance de chacun terme et paiement et certifficacion de notre maistre veneur du temps que chascun desdiz de notre vénerie aura servi. Nous voulons tout ce que par icellui notre receveur de la montaigne aura pour ceste cause esté paié estre alloué en ses comptes et rabatu de sa recepte sanz contredit ou aucune difficulté, par noz améz et féaulx les gens de noz comptes a Dijon, nonobstant quelxconques ordonnances, mandemens ou deffenses ad ce contraires. Donné a Paris le xie jour de mars l'an de grace mil cccc et nueuf

En 1360, les gages du personnel s'élevaient à la somme de 432 florins.

En 1409, 1,220 francs.

En 1430, 1,537 livres 11 gros.

En 1467, 736 francs royaux.

La comptabilité de la vénerie ressortissait de la chambre des comptes et elle devait être accompagnée de pièces à l'appui en bonne et due forme. Les maîtres veneurs sont en effet tenus de donner l'état nominatif du personnel sous leurs ordres et de certifier que chacun a fait son service pendant le temps écoulé. Si, par protection, Jehan Mouton fait partie de la vénerie à titre de veneur avant de remplacer officiellement Thibaut de Lugny en 1415, le certificat de paiement n'omet pas de mentionner qu'il avait été en plus du nombre avant que la place ne fût vacante. En 1467, Charles le Téméraire avait négligé de désigner nominativement des valets et des pages, les gens des comptes font des difficultés pour payer les gages et il faut une nouvelle ordonnance, donnée à Bruxelles le 28 janvier 1469, pour régulariser la position.

Quant au clerc de la vénerie, c'est-à-dire au teneur de livres, il devait, avant d'entrer en fonctions, prêter serment entre les mains du maître veneur et fournir une caution suffisante.

Outre le chapitre des gages, le budget de la vénerie comprenait aussi le chapitre des pensions de retraite. Ainsi après la suppression d'emplois par suite de l'ordonnance de 1467, le duc Charles accorde des pensions à vie : de 12 francs à chacun des valets de chiens, de 10 francs à un page et de 8 francs à chacun des deux autres pages.

Puis venait le chapitre des gratifications : en 1398, le veneur Jehan de Foissy reçoit à ce titre 20 écus d'or.

Les gens de la vénerie avaient une livrée fixée par le duc « tant comme il lui plaira. » L'ordonnance de 1360 de Philippe de Rouvres mentionne déjà les vestures des veneurs que le duc leur fournissait. Le compte de l'argentier de Bourgogne pour l'année 1387 porte la mention suivante :

A lui qui deuz lui est pour les causes et parties qui s'ensuivent cest assavoir pour la vendue et délivrance de lxxviii aulnes et demie de drap gris tout prest, a l'aulne de Paris, tant de Saint Leu comme de Saint Marcel au pris de xxii sols vi d. t. l'aulne l'un parmi lautre, lequel drap ledit Thévenin a baillé et délivré pour vestir les varlez de la vénerie dudit monseigneur. L'exécutoire dudit messire Nicolas de Font[e] et quictance donnée le iiii jour de décembre mil ccc iiii[xx] et vii avec certifficacion de Guillaume de Franconville, maistre veneur de mondit seigneur donné le xxviii jour d'ottobre oudit an......... .... iiii[xx]viii f. vi s. iii d. t. a Estienne Chambellant, drappier a Dijon, qui deuz lui estoient pour la vendue et délivrance de l aulnes de drap vert gay tout prest, a l'aulne de Dijon, dont on a vestu les veneurs et les genz de la vénerie monseigneur le conte de Nevers.

En 1390, le duc date de Saint-Omer une ordonnance de paiement de 160 francs d'or pour les robes de ses veneurs. En 1393, il donne 5 francs pour aider cinq de ses valets de vénerie à « achepter des juppons. » En 1394, la livrée de la vénerie du duc coûte 200 francs ; mais depuis quelques années déjà ce n'est plus en drap mais en argent que se paie la livrée, et chacun est obligé de l'entretenir à ses frais. En 1427, le maître veneur a pour sa robe 10 francs, les veneurs ont chacun 8 francs, le clerc et l'aide de vénerie 8 francs, les valets et pages de chiens 7 francs, et les sous-pages 5 francs.

Dans son ordonnance, le duc a soin de spécifier : « Item voulons et ordonnons que les robes de nos diz veneurs soient faictes chacun an de notre livrée, toutes parcilles d'une couleur et livrée, selon notre bon plaisir et tel qu'il sera advisié par ledit maître veneur. »

Mais en 1432 on recommence à fournir la livrée en nature. Le drap gris était la livrée d'hiver pour la chasse au sanglier, le drap vert la livrée d'été pour la chasse au cerf. Aucun document des archives de Dijon ne nous renseigne sur la coiffure, mais il y a tout lieu de croire que les veneurs de Bourgogne avaient le costume représenté sur le beau manuscrit du *Roy Modus*, conservé à la bibliothèque de Bourgogne à Bruxelles : un chapeau rond et un chaperon noir, un pourpoint sur la manche duquel on distingue les briquets de la Toison d'Or brodés en champ de gueules. [1]

En 1360, Philippe de Rouvres fournissait ses veneurs de « chauceures », gros houseaux de fort cuir pour se garantir des épines et des ronces ; nous ne trouvons pas plus tard mention de cette fourniture, et cependant dans les forêts montagneuses et rocailleuses du duché l'entretien des chaussures devait être une grosse dépense pour les veneurs. Nous devrions dire pour les employés subalternes de la vénerie; car les officiers de la vénerie étaient montés aux frais du duc. Philippe de Rouvres n'avait que deux veneurs à cheval auxquels il fournissait selles, houseaulx, éperons, et dont il nourrissait les chevaux quand ils étaient près de lui dans une de ses résidences. En 1427, le maître veneur a 30 francs pour l'entretien de ses chevaux, les veneurs ont 20 francs, le clerc et l'aide de vénerie 20 francs.

Le certificat ci-après de Jehan de Neufville, écuyer d'écurie du duc de Bourgogne, nous donne des détails intéressants sur les espèces et les prix des chevaux avec lesquels le duc montait sa vénerie.

Je Jehan de Neufville, escuier descurie de monseigneur le duc de Bourgongne, certiffie que du commandement et par ordonnance dudit seigneur jay prins et acheté de Cyprien de Pot, marchant de chevaulx demourant a Coloigne sur le Rin nuef chevaulx le pris et somme de

1. Galesloot, *Recherches historiques sur la maison de c[illegible]sse des ducs de Brabant*, passim.

iiii^{c} l escus, lesquels chevaulx mondit seigneur a donné et fait délivrer a nuef de ses veneurs dont les noms sensuivent; cest assavoir : a Gilet la Buffe, maistre veneur dudit seigneur, une haquenée grise, a Jehan de Foissi un cheval, a Briffault un bay, a Guiot de Saint Anthoul un autre roncin bay, a Guillaume de Grigny un autre cheval bay, a la Caille un fauve, a Jehan Bertrant un bay, a Jehan Mouton un morel, et a Guillaume de Brabant un bay. Tesmoing mon scel cy mis le xxix jour de juillet l'an mil cccc et trois.

D'après ce certificat, il ne faudrait pas conclure que les ducs envoyaient toujours en remonte à l'étranger; les haras de Bourgogne fournissaient dès cette époque de bons chevaux de chasse dont la race s'est perpétuée jusqu'à nos jours dans le Morvan. Les chevaux des haras de l'abbaye de Citeaux allaient au pâturage dans les bois de l'abbaye et dans la haute et basse forêt d'Argilly, et devaient certainement trouver dans cet élevage rustique des qualités spéciales pour la chasse à courre. C'était généralement à la foire de Chalon que se faisait la remonte des écuries ducales; l'écuyer y trouvait des chevaux de tous poils : gris à courte queue, gris à longue queue, gris pommelé, blanc gris pommelé, fauve, morel, bai borgne, bai à poils blancs, noir, gris rouan, pie; et aussi de toutes natures : coursiers, palefrois, haquenées, roncins, chevaux de selle et chevaux de trait.

Un cheval bai pour le duc coûtait 100 livres tournois; les chevaux des veneurs coûtaient en moyenne 50 francs et les roncins 24 florins.

Les comptes nous donnent aussi le prix des harnachements. Une selle à broderie avec garniture de soie se payait 80 fr., une selle de coursier 7 fr., une selle de roncin 4 fr., une housse de selle en cuir 1 fr. On avait 12 longes pour brides au prix de 1 fr.

Les houseaulx du duc étaient achetés 32 sols, et pour 12 fr. 14 sols, 8 deniers, on avait : 4 paires d'éperons argentés, 4 paires d'éperons noirs pour le comte de Nevers et 5 autres paires pour ses pages. Dans le compte de 1387, nous trouvons la fourniture de « ii paires d'espérons dorés garnis de soie, iiii paires d'espérons garnis de cuir. »

Comme dépense d'écurie, il ne faut pas non plus oublier les clous des fers à chevaux qu'on emportait à la chasse pour remettre les fers s'ils s'enlevaient dans les mauvais chemins. « Pour ii^c de clous a chevaux pour porter avec Monseigneur ou bois.................................... v sols. »

Un veneur à cheval vêtu de la livrée du duc ne serait pas complet s'il ne portait pas en sautoir le cor ou la corne de chasse destinée à exciter la meute, à rappeler les chiens, et surtout à indiquer la direction de la chasse et ses péripéties. Car à cette époque on sonnait déjà l'appel, le bien-aller, la vue et la prise.

En 1394, nous voyons en effet le duc acheter de Thomas Vapol, marchand d'Angleterre, un cor d'Angleterre garni d'argent doré, au prix de 12 fr. Ces cors d'Angleterre, qui eurent alors une grande célébrité, étaient de véritables joyaux, comme aussi les cors que l'on fabriquait à Dijon même, ainsi que le prouve un certificat de paiement de l'année 1433.

A Humbelot Moreau, feure demorant à Dijon, la somme de seze francs demi monnoye roial à présent courant que mondit seigneur par ses lettres patentes données a Dijon le xviiie jour de décembre mil cccc xxxiiii lui a ordonné estre paiez pour la valeur de douze saluz dor du pris de xvi gros demi pièce a lui deuz pour la vendue de quatre trompes ou cors de chasse que mondit seigneur fist prendre et acheter de lui ou mois de may cccc xxxii par feu Amiot Noppe, son varlet de chambre et garde de ses joyaulx, pour ce paié à lui par vertu desdites lettres patentes cy rendu avec certifficacion dudit feu Amiot sur l'achat pris et recepte desdites iiii trompes et quictance dudit Humbelot a ce requise.

Nous avons lieu de penser que ces cors étaient destinés au duc et aux princes de sa maison ; en effet le 9 septembre 1378, nous voyons accorder une gratification à un page « qu'il a esté a Dijon quérir ii cors pour Monseigneur. »

Les veneurs avaient de simples cornets de chasse fabriqués

chez Simon Vichaire « faseur de cornez auquel est deu par mondit seigneur la somme de lxiiii escus pour lxvi cornez a chasse que mondit seigneur fist prendre dudit Symon. »

Ces cornets de chasse avaient une forme demi-circulaire se rapprochant de celle des cornes d'animaux. Le magnifique sceau de Hugues le Brun, comte de la Marche, beau-frère du duc Robert de Bourgogne, attaché à une charte de l'année 1301, nous représente ce seigneur à cheval tenant de la main gauche un faucon, de la droite les rênes de sa monture ; un chien est assis en croupe derrière le comte et un cor retenu par une courroie flotte au vent derrière le dos du cavalier. Ce cor a exactement la forme d'une corne de bœuf. Le sceau de Henriet Divor, veneur du duc en 1383, porte sur l'écu un chien et un cor dans lequel on distingue nettement l'embouchure et le pavillon [1] beaucoup plus large que dans la corne du comte Hugues le Brun.

Si nous avons trouvé dans les comptes de Bourgogne des détails sur la livrée, les chevaux, les harnachements et les cors, en aucun endroit de ces comptes nous n'avons aperçu de mention des armes que portaient les veneurs; cependant les miniatures de l'époque représentent toujours les veneurs armés de dards ou d'épieux et portant une épée de chasse au côté, pour servir la bête, lorsque dans ses efforts suprêmes elle mettait en danger les chasseurs ou les chiens.

Les meutes des ducs de Bourgogne étaient remarquables par le nombre et par la composition. Pour le nombre, nous avons présenté plus haut un tableau comparatif des meutes de Philippe de Rouvres, de Jean sans Peur, de Philippe le Bon, de Charles le Téméraire, du roi Charles IV et des ducs d'Orléans et de Bretagne.

Quant à leur composition, nous ne pouvons que l'indiquer en distinguant avec les comptes : des chiens courants, des limiers, des mâtins et des levriers. Quant aux épagneuls, il

1. V. pl. I, fig. 3.

ne faut pas les faire figurer dans les meutes, ils servaient à la chasse aux oiseaux et nous aurons occasion d'en parler au sujet de la fauconnerie.

Les chiens courants de la meute de Bourgogne étaient issus de la fameuse race des chiens gris de Saint-Louis ; mais nous ne pensons pas que les ducs aient tenu à la pureté de la race, car ils renouvelaient ou ils augmentaient sans cesse leurs meutes par des échanges.

Cependant sans avoir trouvé dans les comptes d'autres détails sur l'élevage des chiens que cette phrase de l'ordonnance de 1467 « aussi pour norrir les caiaux des chiens courrans », tout nous porte à croire que les meutes se perpétuaient d'elles-mêmes ; le chien se reproduisant parfaitement dans les chenils et s'élevant aussi assez facilement, surtout quand on a soin, comme l'indique un compte, de donner du lait de vache aux petits chiens que leurs mères ne suffisaient pas à nourrir.

En 1334, Eudes IV avait acheté plus de cent chiens et avait ainsi constitué une meute importante ; depuis cette époque, nous ne rencontrons que rarement des certificats d'achat de chiens, mais nous trouvons très souvent des preuves d'échange ou de dons.

Ainsi en 1392, le duc Philippe donne à Gauchier de Bouchiviller, écuyer, soixante francs pour s'acheter un cheval en échange d'une certaine quantité de beaux chiens courants.

Les princes s'envoyaient aussi continuellement des chiens de chasse en présent ; ces dons étaient toujours accueillis avec une vive reconnaissance, et ceux qui étaient chargés de les conduire en recevaient les marques les plus généreuses.

Ainsi, en 1367, on donne à un messager du nom de Thomas « qui avoit présenté à Monseigneur un lymier de par le sire d'Aigremont .... iiii francs. »

Et en 1396, à Thonin d'Arondelles « pour ce qu'il avoit présenté au duc deux chiens courrans pour le cerf, de par le sire d'Honmet .... vi f. xv s. t. »

Cette même année 1396, le sire de Saint-Georges fait présenter des chiens courants au duc, et le duc de son côté envoie quérir en Artois « viii chiens courans pour iceulx donner à messire Jehan de Trye, cousin dudit monseigneur le duc. »

Il y avait sans doute une distinction entre les chiens de Bourgogne et les chiens d'Artois ; comme aussi entre les chiens pour le cerf et les mâtins pour le sanglier ; car dans les comptes nous lisons ces qualifications diverses très scrupuleusement répétées : « chiens d'Artois, chiens courans pour le cerf, mastins pour chacier les porcs. »

Quelle que fût leur dénomination, dès que les chiens étaient comptés dans la meute, ils étaient « marqués à la marque de Monseigneur ». Le receveur de la gruerie d'Avallon, qui nous révèle ce détail en 1396, ne nous dit pas comment se faisait la marque, mais tout porte à croire qu'elle se faisait au fer chaud.

Nous avons rappelé plus haut que parmi les charges imposées aux vassaux par les usages de la féodalité, une de celles qui pesait fréquemment sur les villes et villages et même sur les abbayes, était l'obligation de nourrir les chiens du duc, lorsqu'il venait chasser dans les environs ; mais le droit de gîte qui comprenait le penage ou plutôt brennage, part des chiens, chiennage, fut, dès 1420, racheté par une redevance en argent et en grain. « Les villages qui devaient le giste, nous apprend le compte de cette année, se sont composés à certaine somme d'argent et quantité de grains qui ont esté mises à demeure de mondit seigneur et fut ordonné par mondit seigneur que la despense de la vénerie serait pourveue chascun an par son recepveur général de Bourgongne. »

Ce droit devait peser lourdement sur les populations ; et encore, outre ces redevances, la meute de Philippe de Rouvres consommait « six septiers de gros blef, orge, seigle et avoine pour tiers chascun mois, à la mesure d'Aignai ou de Chastoillon. »

Le blé ainsi nécessaire à la nourriture de la meute était

délivré par les châtelains sur mandement du gruyer de Bourgogne et à réquisition des veneurs, aux endroits « que lour semblera a mieux selon les lieux ou il devront aler chacier. » L'ordonnance de 1409, que nous avons rapportée plus haut, détermine le poids et la composition des pains à donner chaque jour aux chiens de la vénerie ; elle précise aussi les obligations du maître veneur, du clerc de la vénerie et du fournier, en ce qui touche la nourriture des chiens.

En 1427, les 95 chiens de la vénerie de Philippe le Bon consomment « 200 émines de grains, tant orge que froment, lesquelx grains peuvent valoir par année commune 483 francs. » L'ordonnance de Charles le Téméraire de 1467 donne aussi dans son dernier article l'énumération des frais qu'entraînait l'entretien des chiens, et la somme se monte au chiffre respectable pour l'époque de 414 francs.

Quand la vénerie n'était pas dans une résidence ducale, le maître veneur était chargé du soin de pourvoir à la dépense : en 1394 « pour convertir en la despense des chiens dudit monseigneur, lesquelx il faisoit venir du pays de Bourgongne par eaue jusques en France. » En 1403, Gilles de la Buffe reçoit 121 francs 5 sols pour la dépense des chiens de la vénerie « qui sont presentement devers lui à Melun ». Du reste, le compte de l'année 1432-1433, au chapitre des vivres des chiens fera bien comprendre les dispositions de ce service.

A Guiot Benoit, clerc et ayde de la vénerie de mondit seigneur le duc, la somme de vint et sept livres neuf sols deux deniers tournois monnoye à présent courant pour convertir prestement en achat de grains pour le vivre des chiens de ladite vénerie qui en avoient nécessité, pour ce par lettre dudit Guiot faite le vi jour de juing mil cccc xxxii cy rendu .... xxvii l. ix s. ii d. t.

A lui la somme de dix francs monnoye a présent courant pour icelle somme tourner et convertir ou vivre des chiens de ladite vénerie pour ce par sa lettre faite le viii jour de juillet mil cccc xxxiii cy rendu .... x f.

A lui la somme de six vins francs monnoye à présent courant pour convertir en la despense et vivre des chiens de ladite vénerie pour iceulx mener prestement devers mondit seigneur tenant le siége devant Lesines en Tonnerrois ainsi qu'il l'a mandé et ordonné comme pour les despens de environ quarante autres chiens tant levriers que espagnoz que le jourd'huy ont esté mis en ladicte vénerie, faiz à Dijon par dix jours entiers fenissant ledit jourd'huy, pour ce par lettres dudit Guiot faite le xxvii jour de juillet mil cccc xxxiii, cy rendu .... vi^{xx} f.

Audit Guiot Benoit, la somme de cent dix francs deux gros monnoye royal a présent courant pour icelle somme convertir en achat de grains pour le vivre et despens des chiens de ladite vénerie, qui sont présentement en plus grand nombre beaucoup quilz n'ont acoustume pour la présence de mondit seigneur pour ce par lettre dudit Guiot faite le xxixe jour d'octobre mil cccc trente et trois, cy rendu .... cx f. ii gros.

Le compte de l'année 1346-1347 de Hugues des Granges, châtelain de Montréal et de Châtel-Gérard, bien qu'antérieur à l'époque qui nous occupe spécialement, mérite aussi de nous fournir des détails sur l'alimentation des chiens.

A Geoffroi et Abraham, veneurs, le samedi après Sainte Croix en septembre, pour dix neuf couls de cer qu'il avoit acheptó des valetz des chiens qu'il donèret mangier es diz chiens pour faire cuire pour ce qu'il n'auront point de pain.

Pour les despens des veneurs faiz à Sarrey par plusieurs fois qu'il ont esté à Sarrey pour veoir et visiter les chiens, pour les gaiges d'ung vallet qui ha gardez les chiens dou cer au sciour de Sarrey, dès le mardi de la S. Martin jusques le samedi devant les Bordes, et pour les gaiges de dix neuf valetz qui ont gardez à Sarrey autres chiens et chevaux, comme il appert à ung aultre vallet qui garde les chiens dou cer dès le jeudi suivant la S. Michel jusques à la Chandeleur.

Paie pour l'achat de quatre chevaulz pour donner es chienz, — pour un vallet qui aiday a mener lesdits chiens de Lhoose à Sarrey, — pour une pinte de mielle achetée pour amieler lesditz chiens, — pour la char de huicts chevals pour donner es chienz. [1]

Ainsi donc, la chair entrait aussi dans la nourriture des chiens; c'était de la viande de cheval et aussi les parties basses

1. Arch. de la Côte-d'Or, B. 5400.

du gibier, qu'il était de coutume d'abandonner aux valets de chiens, c'est-à-dire la tête, le cou, le cœur et le foie. Mais il était rare de voir donner le gibier entier aux chiens ; la curée se faisait avec de la chair d'animaux domestiques ; en 1371, nous trouvons mention de l'achat d'un mouton qu'on donna aux chiens ;

Le 6 septembre 1378, nous lisons dans les escroes de l'hôtel du duc, qui était alors en déplacement de chasse à Argilly :

« A Guiot Molain pour ii porcs prins de lui le iiii jour de ce mois par le commandement de monseigneur pour doner mangier a ses chiens avent la cuirié d'un sangler que mondit seigneur print ce jour, xxvi f. vii d. à sa feme [1]. Le 14 septembre de la même année, pour un porc que les chiens de monseigneur ont mangié à la curiée. »

Dans d'autres comptes, nous trouvons des achats de cœurs de porcs « pour la curiée des chiens. »

Si les chiens courants faisaient la curée avec de la viande, les levriers la faisaient avec des fromages.

11 octobre 1378 « a lui pour xxxvi fromaiges dont il y en a pour faire la cuirée aux levriers. » [2]

Ce devait être une curée rafraichissante, nous dirons presqu'une purgation, le fromage devant produire le même effet qu' « une pinte de miel pour amieler lesditz chiens ».

Les chiens étaient en effet l'objet de soins vétérinaires ; quand ils rentraient de la chasse on les faisait sécher devant le feu et on leur enduisait les pattes de saindoux pour empêcher les gerçures. Ces soins se donnaient soit dans les dépendances des châteaux, soit dans les maisons forestières, comme celle dont Guillaume Rauvial, receveur de la gruerie au bailliage de Dijon, en 1406, nous a laissé la description. C'était un pavillon comprenant une salle avec cheminée, une halle, des estables et des fours. La salle à feu était pour les veneurs, la halle pour les employés subalternes de la vénerie, les

1. Arch. de la Côte-d'Or, B. 319.
2. Id. ibid.

étables pour les chevaux et les chiens, c'est-à-dire une écurie et un chenil, et les deux fours étaient destinés à cuire le pain des chiens.

Dans ces chenils, les chiens ne couchaient pas sur la terre nue, mais sur de la litière ; nous trouvons en effet plusieurs certificats d'achat de litière pour les chiens de la vénerie. De même que dans les écuries bien organisées un palefrenier couche à côté des chevaux, dans les chenils des ducs de Bourgogne couchaient deux sous-pages de chiens.

Quand les chiens sortaient du chenil on les couplait avec des cordes ; l'ordonnance de 1427 parle de « cordes à faire couples ». Les chiens portaient aussi des colliers en « lecton » ; les colliers dorés et brodés [1] étaient réservés pour les chiens favoris du duc, qui jouissaient de leurs grandes et petites entrées dans la salle des châteaux.

En 1374, le grenetier de Bourgogne fournit dix émines de froment pour la dépense des petits chiens de monseigneur. Parmi ces petits chiens de la chambre, il y en avait de plus favoris que les autres et dont le duc ne pouvait se passer ; le 11 octobre 1378 « à Aubertin pour ses despens et de 1 cheval pour un jour et demi quil est alé de Chasteillon à Aignay, quérir le petit chien blanc de monseigneur. [2]

Déjà le 3 octobre il était allé le quérir de Châtillon à Chanceaux. Les chiens favoris étaient l'objet de la plus tendre sollicitude des ducs, qui faisaient même brûler des cierges à leur intention. [3]

1. VI coulliers pour aucuns des grands chiens de mondit seigneur et ses petits levriers ouvrés à sa devise et à la devise de Madame la Duchesse : iiii francs.

2. Arch. de la Côte-d'Or, B. 319.

3. A cette époque de dévotion naïve, saint Hubert, patron des chasseurs, était souvent invoqué et son culte est resté dans la tradition cynégétique jusqu'à nos jours ; mais il était donné à un de nos collègues de révéler (*Mémoires de la Société Éduenne*, t. VII, p. 522, et t. VIII, p. 520) le culte de saint Symphorien regardé comme patron des chasseurs au vol. Voici le texte communiqué par M. Metman de l'*Orizon de saint Syphorien*, invoqué comme patron des chasseurs au faucon, d'après un manuscrit du quinzième siècle, d'origine messine, appartenant à la

1378 « à maitre Colin d'Anguevillc pour xx livres de cire au pois de Chasteillon pour faire l'offrande du pessant du chien blanc dont monseigneur fait loiemier....... iiii l. vi d. »[1]

bibliothèque d'Épinal (n° 189). Cette oraison qui se trouve au folio 61 du manuscrit, donne au culte du martyr éduen un aspect trop nouveau et trop imprévu pour que nous omettions d'en rapporter le texte. Nous ne connaissons aucune autre trace de cette transformation de la légende et du culte de ce saint : mais personne ne sera surpris de le voir pieusement invoqué par les habitants de Metz ; on sait, en effet, que son culte s'était promptement répandu au loin et que, près des murs de Metz, s'élevait une abbaye fondée au septième siècle et placée plus tard sous le vocable de saint Symphorien.

ORIZON DE SAINT SYPHORIEN.

Sire sain Syphorien,
Tui es ez cillz de Dieu prochien,
Tu fut jadis bon chevallier
En cestuit monde et bien prizier,
Et de vaillance renommez
Espirituelle et temporez.
Quant tu estoie au ton vivan,
Sovant ay prin etbattement
D'oseaulz porter por toy deduire,
Sen ceux qu'a nulle fessiee injure,
Et par ta sainte et bonne vie
Tu ay ez ciel chevellerie
Plus haute et de plus grant renon
Que tu n'avoie en cestuy monde,
Por tant te prie je humblement
Que toute foy que je serez ez chan,
Et que je porte oxiaux vollan,
De fortune malle et amere
Me vuelle, sire, délivrer.
Gardez mon cor et mez amin
Qu'ez chan serront aveck my.
Et par moy vuelle à Dieu prier
Que je soie sy bon chessier
Que chassier puis Paradis
Moy et puis mez bon amis.
Vuellé prier à Dieu qu'i soit ainssy,
Et par celluy qui fit sert dis.

Amen. Enssy soit-il.

1. Archives de la Côte-d'Or, B. 319.

Il faut bien croire que ce chien favori avait toutes les qualités que Gace de la Bigne accorde dans son panégyrique à ce loyal animal :

Chien est de bonne vraye amour,
Chien est de bon entendement,
Chien sage a bien vray jugement,
Chien a force, chien a bonté,
Chien a hardiesse et beauté,
Chien est beste moult amiable,
Chien saige est beste véritable,
Chien a souveraine mémoire
Dont je vous parleray encoire,
Chien a diligence et puissance
Et subtilité et vaillance.

CHAPITRE TROISIÈME

La Fauconnerie. — Fauconniers, chiens et chevaux. — Oiseaux de volerie. — Achats et dons d'oiseaux. — Dépenses de la Fauconnerie. — Mues. — Nourriture et armement des oiseaux. — Équipement des fauconniers.

Tu auras faulcons et laniers,
Nyes, ramaiges, sors, muers,
Des gerfaulx, des blancs et des bis,
Et des faulcons pris de pais,
Aussy de sacres et de sacrez
Et de ces bons grans tartelez,
De pèlerins à peu charnue
Qui si bien seent sur main nue.
Quant viendra le temps de gibier
Chascun en ta route espervier
Aura, qui le sçaura porter.
Esmérillons et aubereaux,
Mouschetz pour tes enfans nouveaulx,
Affin que le mestier appreignent
Et qu'aux peschez pas ne se tiengnent,
De carotes de Barbarie,
Qui des grues prendre ont mestrie,
De bons autours te faut avoir
Et si y a de millions
De turques et d'alérions,
Tuniciens de Barbarie
Qui reffont haute volerie.

Telle est l'énumération des oiseaux de fauconnerie que fournit Gace de la Bigne, dans son roman des *Déduictz de la Chasse*. Les préceptes qu'il donne au jeune Philippe ne seront pas perdus à la cour de Bourgogne.

La fauconnerie était déjà en honneur chez les ducs de la première race ; et à sa mort Philippe de Rouvres laisse à la cour de Bourgogne des fauconniers et des oiseaux qui seront l'origine des équipages de fauconnerie de Philippe le Hardi.

Malheureusement, nous n'avons pas d'ordonnances sur la fauconnerie qui nous permettent de donner des détails précis sur le personnel ; quant aux oiseaux, leur nombre n'était pas fixé comme l'était le nombre des chiens dans les meutes. Il faut nous contenter d'un certificat de paiement de sommes destinées aux vêtements des employés de tous ordres de la fauconnerie, en date du 24 juin 1395, d'après lequel il y aurait eu à cette époque : 7 fauconniers, 13 valets de faucons et 3 valets de rivière. Nous sommes avec ce certificat loin du compte de l'auteur des *Mémoires pour servir à l'histoire de France et de Bourgogne*, qui, dans l'état des officiers et domestiques de Philippe le Hardi, énumère : 24 fauconniers, 12 aydes de fauconnerie, 24 valets, 12 fourriers, 1 maître des tendues, 1 maître des déduits, 24 chevaucheurs, 120 hommes de livrée, 12 valets de rivière et 6 tondeurs d'oiseaux de proie.

Les fauconniers dont les noms sont venus jusqu'à nous sont :

Philippe le Chien (1365) [1], Gille de Bengin (1382-1391) [2], Guillaume de Boon (1383-1392), Villequin de Lanthelme (1382-1387), Philippe de Mussy (1394) [3], Alart (1393-1418), Jehan de Boon (1393-1402) [4], Enguerrand Cadot (1396), Hennequin de Beauvais (1408-1409) [5], Jacques de Villers (1407-1435) [6], Jehan Machefoing (1425-1426), Eloys de Thoisy (1468). Ce dernier avait été fauconnier de Philippe le Bon, et nous avons l'ordonnance de Charles le Téméraire, qui le maintient

1. V. pl. II, n° 1.
2. V. pl. II, n° 3.
3. V. pl. II, n° 4.
4. V. pl. II, n° 6.
5. V. pl. II, n° 8.
6. V. pl. II, n° 7.

Pl II

1 2 3 4

5 6 7 8

SCEAUX DES FAUCONNIERS.

dans ses fonctions de maître fauconnier et de maître des tendues des duché et comté de Bourgogne.

Charles, par la grâce de Dieu, duc de Bourgoingne, de Brabant, de Lembourg et de Luxembourg, et conte de Flandres, d'Artois, de Bourgoingne, palatin de Haynnau, de Hollande, de Zellande et de Namur, marquis du Saint Empire, seigneur de Suze, de Salins et de Malines. A tous ceulx qui ces présentes lectres verront, salut. Comme au moyen du trespas de feu notre très chier seigneur et père que Dieu absoille, le povoir et commission que souloit avoir de lui de l'office de maistre faulconnier et maistre de noz tendues de noz duchié et conté de Bourgoingne, notre bien amé Elyoiz de Thoisey, escuyer, soit expiré et failly et ledit office escheu vacant à notre disposicion, savoir faisons que pour considéracion des bons et agréables services que ledit Elyoiz de Thoisy a faiz paradevant à notredit feu seigneur et père et à nous oudit office et autrement en plusieurs manières icelui pour ces causes et autres à ce nous mouvans, confians à plain de ses loyaulté, preudommie et bonne diligence, avons de nouvel commis, ordonné et estably, commectons, ordonnons et establissons par ces présentes maistre faulconnier et maistre de noz tendues de nosdicts duchié et conté de Bourgoingne. Et lui avons donné et donnons par ces dictes présentes plein povoir et auctorité dicelui office doresnavant tenir, exercer et desservir et faire bien deuement et loyaument tout ce qui y compecte et appartient aux gaiges, droiz, prerogatives, libertez, franchises, prouffiz et emolumens acoustumez et y appartenans tant quil nous plaira et donnons en mandement à noz amez et féaulx les gens de nos comptes à Dijon que receu d'icellui Elyoiz de Thoisey le sérement à ce pertinent ilz le mectent et instituent de par nous en possession et saisine dudit office de maistre faulconnier et maistre de noz tendues de nosdicts duchié et conté de Bourgoingne. Et dicelui ensemble des droiz, prérogatives, libertez, franchizez, prouffits et émolumens dessusdiz ilz et tous autres cui ce peut et pourra regarder le facent, seuffrent et laissent plainement et paisiblement joyr et user cessans tous contreditz et empeschemens au contraire. Mandons en oultre à notre receveur en notre bailliage de Dijon ou autre notre receveur qui lesdis gaiges oudit office appartenans a accoustume de paier, que iceulx gaiges il paie, baille et délivre audit Elyoz de Thoisey depuis ledit trespas de notre avant dit feu seigneur et père jusques à présent si aucune chose lui en est deue et doresnavant tant quil tiendra et exercera ledit office aux termes et en la manière acoustumez. Et par rapportant *vidimus* de ces dites présentes fait soubz seel auctentique ou copie collacionnée et signée par l'un de nos sécrétaires ou en l'une des chambres de nos comptes pour une et la première foiz seulement avec quictance souffisant d'icelui Elyoz pour tant de foiz que mestier sera, nous voulons tout ce que ainsi paié, baillé et délivré lui aura esté à cause desdiz gaiges estre alloué es comptes et rabatu de la recepte de notre dit receveur qui paié l'aura par lesdits gens de nos comptes à Dijon, ausquels nous mandons comme dessus que ainsi le facent sans aucune difficulté nonobstant quelxconques ordonnances, mandemens ou deffenses à ce contraires, car ainsi nous plaist-il. En tesmoing de ce nous avons fait mectre notre seel à ces présentes. Donné en notre ville de Brucelles le xiiii jour de janvier l'an de grace mil cccc soixante et huit. Ainsi signé par monseigneur le duc, J. Gros.

Au doz desquelles lettres est escript ce qui sensuit : « Le xvii jour de fevrier mil cccc lxviii Elion de Thoisy, escuier, nommé au blanc de cestes, a fait le serment de maistre faulconnier et maistre des tendues de monseigneur le duc en ses duchié et conté de Bourgoingne dont oudit blanc est faite mencion es mains de messieurs des comptes à Dijon qui adce l'ont receu et mis en possession dudit office selon le contenu oudit blanc, moy present. Ainsi signé, Contault.

Eloys de Thoisy avait sous ses ordres 3 fauconniers, 3 espréveteurs, 4 valets de faucons et 4 valets de rivière.

Comme les veneurs, les fauconniers avaient une livrée spéciale qui leur était fournie tantôt en nature, tantôt en argent; c'étaient des robes aux couleurs du duc, sur les manches desquelles étaient des leurres en broderie.

Les fauconniers étaient aussi pourvus de chevaux, comme le prouve un reçu donné à Dijon en 1365 par le fauconnier Philippe le Chien, qui reconnaît avoir touché la somme de quarante deniers d'or franc que Monseigneur lui avait donnée « en recompensacion d'un mien cheval que je ay eu afolé ou service de mondit seigneur, lequel j'ay rendu en l'escurie de mondit seigneur. »

En 1409, nous voyons encore le faulconnier Hennequin de Beauvais recevoir un cheval : « Je Guiot de Saigny, escuier d'escurie de monseigneur le duc de Bourgogne, certiffie par ces présentes que par le commandement de mondit seigneur jay pris et acheté de Philippe Munier dit Jacquin, varlet de chambre et garde des joyaulx dudit seigneur, ung cheval gris à courte queue ou pris de cent francs d'or et ycellui cheval ay délivré par l'ordonnance de mondit seigneur à Hennequin de Beauvais son huissier d'armes et faulconnier. »

Les valets de faucons, plus heureux en cela que les valets de vénerie, recevaient aussi un cheval des écuries du duc, comme le certifie Oudart de Nielles.

Je, Oudart de Nielles, escuier d'escurie des hostels de monseigneur le duc de Bourgoigne, certifie en vérité et fais savoir a tous que Perrin Piochot, prevost de Montenoison, a baillé et délivré a Costée, varlet de faucons de mondit seigneur, ung cheval, lequel lui a esté donné par mondit seigneur et a été acheté et prisié par moy la somme de vingt six frans d'or.

En effet, les chasses de haute volerie demandaient des chevaux vites et vigoureux ; Gasse de la Bigne recommande à l'espreveteur d'être monté « sus ung gros roussin, bas, bien troctant et bon et fin. »[1]

Il fallait aussi des chiens pour chasser au vol : « Nul ne puet exploicter d'esparvier sans chien bonnement, » nous dit le même auteur. Les chiens remplissaient le rôle de nos chiens d'arrêt, ils quêtaient le gibier et le faisaient lever et ils le rapportaient ; en 1394, un valet de faucons nourrit 16 levriers. Les levriers et les épagneuls étaient en effet les chiens de fauconnerie.

Mais le principal acteur de la chasse au vol c'est l'oiseau de proie. Les espèces employées à la volerie à la cour des ducs de Bourgogne étaient :

Le Faucon, — le Gerfaut, — le Sacre, — le Lanier, — l'Epervier et l'Autour.

1. Voir dans l'*Abécédaire d'archéologie* de M. de Caumont, *Architecture religieuse*, p. 485, le dessin d'une pierre tombale de l'église Notre-Dame de Châlons-sur-Marne représentant un fauconnier à cheval, portant l'oiseau sur son poing ganté, ayant deux chiens à sa suite et s'avançant dans une forêt de chêne.

Nous n'avons trouvé dans aucun des documents que nous avons consultés mention de l'Emérillon ni du Hobereau, cependant d'après Olivier de la Marche, Charles le Téméraire, dès son enfance, prenait comme passe-temps de « voler à esmerillons. »

Le Faucon *(Falco peregrinus)* se trouve encore en Bourgogne, ainsi que le Hobereau *(Falco subbuteo)* et l'Emérillon *(Falco lithofalco)*. Souvent le nom de faucon est suivi de l'épithète sors ou hagard. L'oiseau est sors ou roux dans la première année avant la mue; il est hagard quand à la fin de sa première année il a sa livrée complète. Lorsque les comptes nous parlent d'un faucon gruyer, c'est que cet oiseau est destiné au vol de la grue; mais quelle que soit l'épithète, l'espèce reste la même, c'est toujours le *Falco peregrinus.*

Cependant il faut signaler encore à la fauconnerie de Bourgogne le Faucon blanc *(Falco candicans)* dont le mâle adulte a le plumage d'un blanc éclatant. Originaire du Groënland et de la Sibérie, on le voit accidentellement en Suède et en Angleterre. C'est sans doute dans ces deux derniers pays que le duc se procura 12 faucons blancs pour envoyer à Bajazet, comme partie de la rançon du comte de Nevers.

Le Gerfaut *(Falco gyrfalco)* n'habite pas nos pays; il nous vient des montagnes de la presqu'île Scandinave où il était acheté à grands frais, aussi cet oiseau avait-il un garde particulier; en 1365, le duc appelle « Robert Daudel [1], garde de notre Jarfaut. »

Le Sacre *(Falco sacer)* est comme le Gerfaut un oiseau étranger qui était apporté de Tartarie et de Hongrie à la cour des ducs de Bourgogne par les commerçants vénitiens.

Le Lanier *(Falco lanarius)* ne se trouve plus dans les forêts et dans les rochers de la Bourgogne, mais au quinzième siècle il y existait; et Schlegel,— prétendant que les premiers auteurs qui ont écrit en France sur la fauconnerie ont traduit

1. Voir pl. II, n° 2.

des Byzantins ou des Orientaux ce qu'ils ont dit du Lanier, « sans prendre soin de modifier les textes à leur point de vue, de telle sorte que lorsque ces derniers disaient le Lanier indigène dans leur pays, les Français se sont trouvés dire à leur insu qu'il était indigène en France, » —serait obligé de reconnaitre le Lanier comme un oiseau indigène en Bourgogne au quinzième siècle, sur la foi de Guillaume Coillenot :

A Guillaume Coillenot, de Labergement près de Seurre, tendeur d'oiseaulx de proye de mondit seigneur, la somme de six frans monnoye a présent courant a lui baillés et délivrés compt. pour deux faucons agars, deux tiercelez sors, ung autre tiercelet qui tient du sort et ung lasnier sors, lesquels oiseaulx il a bailliez pour mondit seigneur, le vii jour de décembre mil cccc xxxv, à messire Jacques de Villers, chevalier maistre faulconnier et des tendues d'icellui seigneur.

Le Lanier ainsi livré à la cour de Bourgogne était sors, c'est-à-dire dans sa première année, et Coillenot n'avait pas fait le voyage de Dalmatie pour se le procurer ; les rochers de la Côte-d'Or étaient plus près de Seurre que les Alpes Dinariques. En mars 1400, le maitre fauconnier Jean de Boon certifie que Guillaume Malguart a aussi apporté au duc un Lanier sors.

Mais le duc achetait aussi des Laniers étrangers, et alors les officiers de la fauconnerie les distinguaient sous le nom de Tunisiens ; c'était une variété qui venait de Barbarie.

L'Epervier *(Astur nisus)* est commun dans les prairies situées le long de la Saône, ainsi à Labergement-le-Duc où habitait le tendeur Coillenot. Le mâle est appelé encore de nos jours émouchet. Le fauconnier chargé spécialement des éperviers avait un titre en rapport avec le nom de ses oiseaux : Guillaume Menard, de Villaines-en-Duesmois, est qualifié Esprevetteur de Monseigneur.

L'Autour (*Astur palumbarius*) est assez rare en Bourgogne, mais on l'y trouve cependant encore quelquefois ; ce qui n'empêchait pas le duc de se faire amener en 1394 « six attouers de Bruges à Paris ». En 1378 on avait pris à Moillecon des « ostoirs » qu'on présenta au duc.

Pour les espèces communes en Bourgogne, la fauconnerie ducale se les procurait dans le pays, et c'était une charge reconnue que celle de « tendeur d'oiseaulx de proye de Monseigneur. »

En 1400, Oudot Vauchier, « tendeur à faucons de Monseigneur en son païs de Bourgogne, lui apporte en la ville de Corbeil 4 faucons sors et 1 tiercelé. »

En 1402, Guillaume Malguart, « tendeur d'oiseaulx de proie de Monseigneur, reçoit 20 francs pour 1 faucon saurs et 1 tierscelef. »

Il arrivait aussi qu'on venait offrir au duc des oiseaux de proie; ainsi en 1378, pendant un déplacement à Moillecon, on lui présente 1 épervier et il donne 20 sols de gratification à celui qui lui offre.

Mais les tendeurs d'oiseaux de proie ne suffisaient pas à fournir la fauconnerie et le duc se procurait des oiseaux près des marchands; aussi un chapitre spécial des comptes de la cour de Bourgogne est-il intitulé « Achapt d'oiseaulx ».

A Hayne Vaudourdrech, marchant d'oiseaulx, la somme de quinze escus d'or, du pris de trois frans et demi, monnoie royal, chascun escu, en quoy mondit seigneur lui estoit tenus pour trois pièces de faulcons cuil avoit faict prendre et acheter de lui ou mois d'octobre mil cccc et dix neuf, ledit pris et somme de xv escus d'or, si comme il appert par mandement de mondit seigneur donné à Arras le xii jour d'octobre l'an mil cccc et dix neuf, verifiie sur ledit receveur général par Jehan de Pressy, conseiller et général gouverneur des finances de mondit seignour, garni de quictance dudit Hayne et certifficacion de Guisequin Rumault, varlet de faulcons de mondit seigneur, faicte sur la réception d'iceulx faulcons.[1]

Le compte du receveur général Pierre du Celier pour l'année 1386 [2] comprend aussi un chapitre intitulé :

1. Arch. de la Côte-d'Or, B. 1605.
2. Arch de la Côte-d'Or, B. 1467.

Achat d'oiseaulx et aultres choses en la manère qui s'ensuit :

A Grant Claix, marchant d'oiseaulx, pour v faucons que monseigneur a prins et achetez de lui au pris de xii frans chacun faucon et yceulx donné au sire de la Trémoille, au mareschal de Bourgogne, au sire de Conflans, messire Guillaume de Neillac et à Guillaume Dorgemont, cest assavoir a chacun deulx un desdiz faucons pour tout par mandement dudit monseigneur donné le xxi jour de décembre iiii^{xx} et vii, sans aultre quictance.......................... lx f.

Pour ii faucons et i gerfault que monseigneur fist acheter à Nelle en Vermandois, quant dernierement yl y fust, a un escuier d'Alemaigne.. vi^{xx}xv f.

A Michiel de Hierghem, fauconnier de monseigneur, pour faire les mues des faucons et autres oiseaux de mondit seigneur et pour gouverner et tourner a mangier aux diz faucons et autres oiseaux dudit monseigneur esdites mues en la ville de Paris................ l f.

En 1408, Hennequin de Beauvais, fauconnier du duc, certifie qu'il a acheté d'un marchand d'oiseaux demeurant à Paris, un sacre pour le prix de 15 francs, et que le duc l'a donné et fait porter à messire Jean de Chalon ; la même année le duc fait encore acheter deux faucons sors au prix de 20 francs 5 sols, et il donne l'un à M. de Saint-Georges et l'autre à M. de Helly.

Si la fauconnerie ducale se remontait par des achats, il faut aussi constater que les seigneurs jaloux de s'attirer les bonnes grâces du duc de Bourgogne lui faisaient des dons d'oiseaux.

En 1365, nous trouvons un reçu de Philippe le Chien, fauconnier de monseigneur le duc, d'une somme de 10 francs qu'il lui avait prêtée pour donner à un fauconnier qui lui avait présenté un faucon « de par le comte de Quanquarville ». Il faut sans doute lire le comte de Tancarville, grand maître des eaux et forêts de France, sous le roi Jean et ses successeurs, qui mourut en 1382. Ce comte de Tancarville était une des illustrations du quatorzième siècle; dans le livre du *Roy Modus*, c'est lui qui, appelé comme arbitre entre « déduict de chiens et déduict d'oiseaulx », décide que déduit d'oiseaux est préférable pour qui veut voir et déduit de chiens pour qui veut voir et entendre. Dans le roman des *Déduicts*, de Gasse de la Bigne, le roi Jean le charge de transmettre la sentence qui renvoie « déduict de chiens et déduict d'oiseaux » dos à dos. Ayant appris l'art cynégétique et la volerie des oiseaux dans ce roman, le duc de Bourgogne tenait à conserver des relations avec le comte de Tancarville ; un faucon offert par Tancarville devait être en honneur à la fauconnerie de Bourgogne.

En 1383, le duc Philippe donne 20 francs d'or de gratification à Symon du Four, fauconnier, qui lui a présenté deux sacrets de la part du seigneur de Nouvyon.

Philippe de Mussy, chevalier, chambellan et maître fauconnier de monseigneur le duc de Bourgogne, certifie en 1394 avoir donné 20 francs d'or à un fauconnier du duc, Louis de Bavière, frère de la reine, qui avait présenté un faucon au duc de la part de son maître.

En 1403, le duc fait donner cent francs à quatre fauconniers du duc de Milan qui lui ont présenté « iiii faucons gruyers » de la part de leur maître.

En 1396, il avait envoyé son fauconnier au roi d'Angleterre, et on trouve dans le compte de cette même année « les frais et missions faittes pour chevaux, selles, chiens, oyseaux, que mondit seigneur le duc envoye présentement devers l'empereur Bajac pour le faict de la délivrance de monseigneur le comte de Nevers, presonnier dudict Bajac. »

En effet, à l'époque féodale, les présents offerts par les souverains à leurs alliés, comme les tributs imposés aux vaincus, comprennent toujours des chiens et des oiseaux de chasse.

Un prince, comme le duc de Bourgogne, ne voyageait pas sans sa fauconnerie, ainsi que le prouve un curieux registre donnant mois par mois la dépense des oiseaux et des chiens de fauconnerie pour l'année 1395.

En janvier, Monseigneur est à Paris et la dépense des oiseaux et chiens de fauconnerie monte à 37 l. 15 s. 10 d.

En février, Monseigneur toujours à Paris, 44 l. 15 s. 2 d.
En mars, Monseigneur toujours à Paris, 49 l. 0 s. 8 d.

En avril, Monseigneur les quatre premiers jours à Paris, le cinquième à Saint-Denis, le sixième à Brie-Comte-Robert, le septième à Donemaire, le huitième à Marigny, le neuvième à Isles, le dixième à Châtillon, le onzième à Villaines, le douzième à St-Seine, et le reste du mois à Dijon, 38 l. 11 s. 2 d.

En mai, Monseigneur à Paris et à Conflans, ... 46 l. 5 s 8 d.
En juin, Monseigneur à Compiègne et à Saint-Quentin, ... 42 l. 6 s. 5 d.
En juillet, id. .... 43 l. 19 s. 5 d.
En août, Monseigneur à Saint-Omer et à Calais, ... 31 l. 7 s. 6 d.
En septembre, Monseigneur à Conflans et à Paris, ... 30 l. 4 s.
En octobre, id. .... 39 l. 5 s. 10 d.
En novembre, id. .... 35 l. 14 s. 6 d.
En décembre, Monseigneur à Compiègne et à Conflans, ... 47 l. 3 s. 8 d.

A Paris, les faucons du duc de Bourgogne étaient à l'hôtel de Flandres ; on lit dans le compte de 1387, que le fauconnier et quatre valets restèrent à Paris en août, septembre et octobre pour « garder et governer xxv pieces des oiseaulx dudit Monseigneur qui sont en mue en l'ostel de Flandres dudit Monseigneur à Paris, et v des levriers dicellui Monseigneur qui sont aussi en son dit hostel. »

A la mort du duc Jean sans Peur, ses oiseaux étaient à Paris, et malgré les risques à courir pour un bourguignon après l'assassinat du pont de Montereau, le fauconnier et ses valets continuent à exercer leurs charges.

1419. A Alart, faulconnier, Henriet de Crot et Arnolet de Hennune, varlez de faucons de feu mondit seigneur le duc, lesquels madite dame après ce que la plus grant partie des officiers et serviteurs de feu mondit seigneur, après sa mort, se soient retrais en Bourgogne par devers elle pour avoir provision de leurs vivres et dont par l'advis et deliberacion des seigneurs de Commerien, de Villers, du bailli de Dijon, Jehan Chousat, Jehan de Noident et aultres, madite dame a fait donner congié a aucuns desdiz serviteurs et les autres fait demourer jusques au bon plaisir de mondit seigneur le duc sondit filz et mesmement lesdy Alart, Henriet et Arnolet, pour aidier a norrir et gouverner les faulcons, lenyers et autres oiseaulx mondit seigneur.. xxx f. [1]

Le compte de 1420 nous montre Philippe le Bon faisant venir ses oiseaux de Bourgogne :

A Guiesquin Roumain, varlet de faulcons de mondit seigneur et plusieurs autres cy après dénommez, la somme de quatre vins douze frans monnoie royal, laquele de commandement et ordonnance de mondit seigneur leur a esté paiée, bailliée et délivrée comptant pour les causes et en la manière qui sensuit. Cest assavoir audit Guisquin que mondit seigneur lui a donné pour considéracion des bons et agréables services quil lui avoit faiz ou temps passé oudit office et autrement faisoit chacun jour et espéroit encore faire ou temps avenir, comme pour avoir ung cheval pour lui aler en Bourgoigne ou mondit seigneur l'avoit lors garres envoié pour faire venir ses oiseaux qui estoient oudit pays................................ xxx f. [2]

A Guiesquin Roubouts, aussi varlet de faulcons de mondit seigneur, que semblablement et pour samblable cause icelluy faire luy donna de sa grâce xxx f. A Audry de Ris, ostrassier de mondit seigneur, que samblablement il luy a donné pour avoir gans, orpyment et autres choses nécessaires pour le faict de son office, xii f. A Laurens Robes, varlets de levriers, que aussi mondit seigneur luy a donné pour lui aidier à vivre et avoir ses nécessitez, x f. Et a Guillaume Noel, aussi varlet de levriers de mondit seigneur, tant pour samblable cause comme pour lui aidier à garir de certaine bléceure que il eult devant Meleun durant le siége qui y fu, x f.

Ainsi le duc emmenait ses fauconniers à la guerre; nous avons déjà vu qu'il y emmenait aussi ses veneurs.

Ces dons gracieux du prince se retrouvent souvent dans les comptes du receveur général; ainsi en 1366 le duc Philippe

1. Arch. de la Côte-d'Or, B. 1598.
2. Arch. de la Côte-d'Or, B. 1612.

ordonne de payer les 30 livres tournois par an que son oncle le duc Eudes avait assurées par contrat de mariage à son fauconnier épousant Isabeau de Gerland. Le fauconnier est mort, Isabeau a épousé en secondes noces Jehan de Cintrey, chevalier, et la rente continue à lui être payée. En 1383, le fauconnier Gilles de Bengin reçoit une gratification de 50 fr. d'or.

La direction de la fauconnerie n'était certes pas une sinécure; le fauconnier devait se procurer les oiseaux, puis les élever et les dresser.

Si on les achetait tout élevés, alors il n'y avait plus qu'à payer les marchands; mais quand on dénichait les oiseaux niais dans l'aire ou qu'on prenait les adultes au passage, il fallait les dresser, ou pour employer le terme de fauconnerie les affaiter.

L'éducation des oiseaux de la fauconnerie se faisait principalement à la mue du château de Rouvres.

Jacques de Villers, maitre fauconnier, dépense, en 1418, 2 francs pour réparer la mue de Rouvres, et 68 francs pour les vivres et dépenses de 12 faucons et de 2 laniers que le duc a envoyés à Rouvres depuis le 11 juillet 1417.

En 1419, Jehan Machefoing, fauconnier, reçoit 70 francs pour la réparation de la mue de Rouvres, « pour y muer plusieurs faulcons et oyseaulx que feu mondit seigneur y envoya ou mois de juillet mil quatre cens dix huit, et pour le vivre desdiz faulcons et de deux levriers qui en ladite mue ont demouré depuis le x jour de juillet mil quatre cens dix huit. »[1]

Nous avons vu plus haut que le duc avait aussi une mue en son hôtel de Flandres à Paris; quelquefois encore le duc mettait ses oiseaux en pension chez un de ses valets de fauconnerie, témoin le certificat de Gilles de Bengin :

Je, Gile de Bengin, escuier et fauconnier de monseigneur le duc de Bourgoigne, certiffie en vérité que Jehan Barbe, valet de fauconnerie

1. Arch. de la Côte-d'Or, B. 1598.

de mondit seigneur, a en son hostel viii faucons et ung gerfaut de mondit seigneur, pour yceulx mettre en mue dès le xxiiie jour de may denier passé, que je a faite certifficacion du terme précédent. En tesmoin de ce, jay mis mon seel a ceste présente certifficacion le vi[e] jour de septembre l'an mil ccc quatre vins et deux. [1]

Comment nourrissait-on les oiseaux dans les mues ? Généralement avec de la viande de poulet. Les escrocs de l'hôtel du duc de Bourgogne, pour le 13 août 1378, portent en dépense :

A lui pour poullez pour les faulcons, espreviers, ostoirs de l'hostel de monseigneur despensez par vii jours finissant le jour précédent, les tailles apourtées aux comptes devant les maistres d'ostel, xxx f.

En 7 jours, les oiseaux de la fauconnerie qui ont suivi le duc en déplacement à Moillecon consomment 56 poulets. Dans certains cas, les châtelains étaient tenus de livrer en nature la nourriture des oiseaux; ainsi en novembre 1388 :

Sachent tuit que je Guillaume Chanlite, cappitain d'Argilly et maître des tendues des oiseaux de proye de monseigneur le duc de Bourgoigne, cougnois avoir eu receu de Regnaut de Vanes, chastellain de Brazey, la somme de quarante gélines, lesquelles sont pour gouverner les oiseaux de proye de mondit seigneur le duc.

Les poulets étaient remplacés souvent par des pigeons, des oies, des petits chiens et des petits chats, par de la viande de mouton ou de bœuf hachée, surtout par des cœurs de porcs.

L'auteur des *Recherches sur la maison de chasse des ducs de Brabant* cite un passage du compte des dépenses de la cour de Charles le Téméraire, pour l'année 1469, d'après lequel Olivier Salart, écuyer, grand fauconnier du duc, touchait annuellement 725 livres de Flandres de pension, pour l'entretien de toute la fauconnerie, « pour les gaiges, robes, pourpoins, chausses et despens de luy, de vi varlets, iiii chevaulx,

1. V. pl. II, n° 3.
2. Arch. de la Côte-d'Or, B. 319.

xiiii oiseaux et ii chiens que Monseigneur lui a ordonné tenir. Item pour le temps, vervelles, gans, gibacières, chapperons d'oiseaux, peaux de chiens, langues, gets, opprement, sang de dragon, manne et généralement pour tout ce que ledit Ollivié, ses gens et serviteurs pourraient demander à Monseigneur et aussi aux gens d'église et autres ses subgets, pour dons, gistes, courtoisies ou aultrement à cause de ladite faulconnerie. »

En effet, les dépenses de fauconnerie ne comprenaient pas seulement les gages des officiers, leurs équipements, leurs chevaux et la nourriture des oiseaux, mais l'armement de ces oiseaux entrait pour une large part dans le budget.

L'armement se composait des sonnettes, du chaperon et des jets avec leurs vervelles.

Les sonnettes étaient attachées aux pattes des oiseaux dès qu'on les apportait à la fauconnerie ; pour employer le terme usuel des fauconniers nous aurions dû dire, à chaque main de l'oiseau. Ces sonnettes étaient en métal doré, les plus estimées se fabriquaient à Milan.

Je Jehan de Boon, maistre fauconnier de monseigneur le duc de Bourgogne, certiffie par ces présentes avoir eu et receu de Anthoine Roffin, marchant de Millan, à présent demourant à Paris, cinq douzaines de sonnettes dorées pour faucons et deux douzaines pour tiercelés.

Ces sonnettes avaient la forme de grelot et elles étaient fixées aux tarses des oiseaux avec de petits liens de cuir. Les grelots pour faucons n'étaient pas semblables aux grelots pour tiercelets, car chaque fois qu'on rencontre une dépense de ce genre dans les comptes on trouve une distinction soigneusement mentionnée.

Après avoir attaché les sonnettes à chacune des mains de l'oiseau, on lui couvrait la tête d'un chaperon. Il y en avait de plusieurs sortes : le chaperon *rust* ou de dressage qui était fort simple, et le chaperon de chasse ou d'apparat fait de cuirs de couleurs vives avec une aigrette également en cuir et ornée de plumes. Les comptes que nous avons eus entre mains ne parlent que de chaperons ordinaires qui coûtaient 1 franc la douzaine ; quelque minime qu'en fût le prix, leur livraison était soigneusement constatée.

Je Gile de Bengin, huissier d'armes et fauconnier de monseigneur le duc de Bourgogne, conte de Flandres, d'Artois et de Bourgogne, certiffie a tous que Gile de Barasere a baillé et délivré à mondit seigneur douze douzaines de chapperons à faucons que mondit seigneur a faiz prendre et acheptor de luy. Tesmoings mon scel mis a ceste présente certifficacion faite et donnée le premier jour de juillet lan mil ccc iiii^{xx} et onze.

L'oiseau armé de sonnettes et coiffé du chaperon était retenu captif au moyen de jets. C'étaient des courroies en peau passées aux jambes de l'oiseau avec un nœud coulant. A l'extrémité opposée des jets étaient fixés deux anneaux plats de métal, nommés vervelles, sur lesquels étaient gravés le nom et les armes du duc. « Item, plusieurs pièces de vervelles d'argent doré et esmaillées aux armes de M. S. pesans ensemble iiii m. i o. demi. »

La longe qui servait à retenir le faucon captif sur sa perche était passée dans ces vervelles. « Item, une longue garnie d'un petit touret d'or pour servir à oyseaux. »

Pour empêcher les jets et la longe de s'enrouler, on interposait un touret composé de deux anneaux de métal tournant l'un sur l'autre.

Souvent ces tourets étaient garnis de pierreries, et les chaperons, les jets et les longes étaient brodés d'or et de perles.

Après avoir parlé de l'armement de l'oiseau, il reste à passer en revue l'outillage personnel du fauconnier : le gant, le leurre et la gibecière.

Le gant qui préservait la main et l'avant-bras de l'atteinte des serres était de cuir de cerf : « A Lorent le gantier demourant à Lyon pour iii gans de serf a fauconnier. » [1]

1. Arch. de la Côte-d'Or, B. 319.

Quant au duc il portait « un gant de velours vermeil à faulconner, doublé de cuir blanc et au bout un bouton de perles et une houppe de soie. »

Le leurre était une lanière de cuir rouge figurant grossièrement un oiseau, il était garni des deux côtés d'ailes de pigeon; il servait à rappeler l'oiseau et quelquefois on attachait sur le leurre un morceau de viande pour paître le faucon ainsi rappelé.

Un leurre valait 5 sols.

La gibecière était un sac à deux poches à peu près semblable à nos gibecières actuelles ; il servait à porter les menus ustensiles du fauconnier.

En 1365, Robert Daudel, garde du gerfaut, reçoit 16 sols pour 2 chaperons et 1 gibecière ; en 1396, on paie :

A Villequin Daustrelin, marchant, que deus lui estoient par mondit seigneur pour loyerres, gibecierres, gans pour les faulconniers de mondit seigneur et varlez de faucons et de rivière semblablement et pour chapperons, lesquels il a baillés et délivrés par commandement et ordonnance monseigneur le duc à yceulx faulconniers...... xl f.

Les traités de fauconnerie consacrent plusieurs pages à exposer les recettes vétérinaires usitées pour les maladies des oiseaux ; les comptes sont plus discrets sur ce sujet, le receveur mentionne seulement en 1402 la dépense de 8 écus pour acheter « de l'orpin pour les oyseaulx ».

Les conseils de Gasse de la Bigne étaient suivis à la cour de Bourgogne, on donnait une fauconnerie aux enfants.

Affin que le mestier appreignent
Et qu'aux peschéz pas ne se tiengnent.

C'est encore dans le compte de 1396 que nous en trouvons la preuve :

A Enguerran Cadot, fauconnier de mondit seigneur le duc, qui deuz lui estoient pour la despense des faucons de mondit seigneur faite en l'an mil ccc iiii[xx] et xv, baillés a muer par commandement de mondit seigneur audit Enguerran par la manère qui s'ensuit, cest assavoir chacun faucon ou tercelet pour le pris de v d. t. par jour, et chacun gerfaut pour viii d. t., le marchié faict à luy par ledit messire Phelippe de Mussy, dont les parties de ladicte dépense sont plus à plain contenues et déclairées en un roole de parchemin sur ce faict au debout duquel est compris le mandement dudit monseigneur le duc donné le viie jour de may mil ccc iiii^{xx} et xvi, ouquel roole sont contenus les jours que les faucons dudit seigneur ont esté receus en mue et les jours quils furent ostés, tant ceulx de mondit seigneur comme ceux de monseigneur de Nevers, pour ce paié audit Enguerran, par vertu desdiz roole et mandement et quittance, sur ce avec certifficacion d'icelluy messire Pelippe, tant seulement lxx l. xi s. x d.

Les chroniques et les romans du moyen âge ne permettent pas de douter de la part que les dames prenaient aux déduits tant aimés de leurs époux, et la chasse au vol, exercice moins rude que la chasse avec chiens, avait naturellement droit à la préférence des dames. Les duchesses de Bourgogne s'abstinrent-elles de ces délassements? Nous l'ignorons, mais le fait est que dans aucun compte nous n'avons trouvé mention des oiseaux de la duchesse, et qu'il ne reste pas trace du gant mignon et surchargé de broderies et de pierreries que devait porter cette noble dame quand elle volait au faucon autour de ses châteaux de Rouvres ou d'Argilly.

Ce fut cependant dans une chasse au vol que l'héritière des ducs, Marie de Bourgogne, se blessa mortellement au mois de février 1482. En volant le héron dans les environs de Bruges, sa monture s'abattit et la princesse mourut de cette chute le 27 mars suivant.

CHAPITRE QUATRIÈME

Louveterie. — Ordonnance de Jean sans Peur. — Corvées pour les battues. — Ordonnance de Philippe le Bon. — Taille sur les corvéables. — Primes. — Droit de destruction des loups. — Poison. — Loutrerie. — Ordonnance de Philippe le Hardi. — Garennes. — Garenniers. — Furets. — Parcs de daims. — Oiseaux de proie.

Les loups, sans être très nombreux en Bourgogne, sont encore assez répandus dans ce qui subsiste de forêts pour donner à penser qu'au moyen âge ces bêtes féroces commettaient de grands ravages dans un pays très boisé, où la population disséminée et clair-semée ne possédait pas les armes à feu sûres et surtout frappant de plus loin que les épieux.

Après les guerres civiles et étrangères qui désolèrent le pays pendant le moyen âge, les loups accoutumés à la chair humaine portaient la terreur parmi les populations ; Armagnac, Anglais, blessés sur le champ de bataille, ou pauvre Bourguignon revenant tardivement à sa chaumière, étaient attaqués par ces carnassiers. Un compte des escrocs de l'hôtel ducal de l'année 1378 porte que le duc donna en aumône « a i povre home qui avoit le bras mangié des loups. xx s. »

Philippe le Hardi avait trouvé le service de la louveterie organisé en Bourgogne, quand il avait pris possession du duché ; en effet, dans le compte de Geoffroy de Blaisy pour l'année 1354 que nous avons déjà cité, nous avons trouvé un chapitre spécial intitulé *Prinse de Loups*, duquel il ressort qu'il y avait des officiers du nom de « louiers » chargés de la destruction des loups fort nombreux à cette époque. Pendant cette campagne de 1354, on détruisit cent six loups, louves et louvards, dans les forêts de Villers-le-Duc, de Châtel-Girard et d'Argilly. Les louvetiers chassaient les loups surtout au piége appelé ceps, sorte de traquenard armé de grands clous, ou à la fosse appelée louière, sur laquelle ils disposaient un volatile quelconque comme amorce. Les malheureuses oies de Baigne étaient exposées à descendre avec les loups au fond de la fosse et à leur servir de pâture, en attendant que le louvetier ou son aide en venant visiter son piége assommât d'un coup d'épieu le loup incapable de se jeter sur son ennemi. Les louvetiers ne pouvaient pas en effet être partout, et ils avaient des aides pour « oichier les louières », visiter les piéges, tuer les loups pris dans les fosses ou dans les traquenards et aller toucher la prime. Ces aides n'ont pas, au quinzième siècle en Bourgogne, porté le nom de sergents louvetiers; mais ils en remplissaient l'office.

Il n'existait pas à cette époque d'équipage de loup à proprement parler; nous n'avons trouvé nulle part mention de limiers pour détourner le loup; quand on chassait le loup avec des chiens, c'était pour prendre l'animal dans des panneaulx; les chiens n'agissaient même pas seuls, la battue s'exécutait à force de gens et de chiens; le loup détourné dans un buisson était mis sur pied par les cris des traqueurs et les hurlements des chiens et il allait se jeter dans les panneaulx où les veneurs l'assommaient à coups d'épieux.

On usait de préférence contre le loup d'un moyen préconisé encore de nos jours, le poison. Quel était ce poison? « De la pouldre dont se servit Jean Bataillart, à Pasques flories mil ccc lv; » mais encore quelle était cette poudre? Les poisons minéraux n'étaient pas connus à cette époque, et le compte de 1353 semble nous expliquer la nature du poison par cette phrase : « Audit Laurent pour aler en la terre de Beaulgieu querir herbe pour empoisonner les loups. » [1]

La flore du Beaujolais ne présente pas d'espèces toxiques

1. Archives de la Côte-d'Or, B. 1400

plus dangereuses que les espèces indigènes en Bourgogne; et nous devons avouer que nous ne pouvons d'après les termes du compte de Geoffroy de Blaisy déterminer la famille de l'espèce végétale qui servait à empoisonner les loups.

Ainsi donc il est bien établi qu'en Bourgogne le service de la louveterie était organisé dès le quatorzième siècle. Jean sans Peur, dans son ordonnance de 1406, rappelle que ses prédécesseurs avaient déjà pris des mesures contre les loups au temps passé.

Jehan, duc de Bourgogne, comte de Nevers et baron de Donzy, a notre amé et féal Jehan de Valery, maistre de notre chambre aux deniers et commis à recevoir nos finances, salut et dilection. Pour ce qu'il est venu à notre cognoissance que en notre duchié de Bourgongne agrant nombre et multitude de loups et louves qui dévorent de jour en jour les bestes de nos pauvres subgiez et dommagent nos sauvagines, Nous voulons à ce pourveoir de remède avons commis et commectons par la teneur de ces présentes Jehan de Foissy, notre maistre forestier de notre forest d'Argilly et lui donnons povoir et mandement espécial de chacier et prendre à force de chiens, harnois, fillez et autres engins loisibles loups et louves par notre dit duchié comme faict a esté en cas de péril ou temps passé. Si vous mandons que par lesdiz receveurs et chastellains faictes paier et délivrer audit Jehan ou a ses commis, pour chacun loup et louve quil prendra ou fera prendre par ses commis en notre dit duchié, deux francs, en prenant et recevant les enseignements et certiffications suffisans et qui en ce cas appartiennent, ensemble quittance dudit Jehan par lesquelles rapportant avecques ces présentes et *vidimus* d'icelles collationnée en la chambre de noz comptes à Dijon, pour la premier foiz seulement, ce que par lesdits chastellains et receveurs aura ainsi esté paié sera alloué en leurs compte et rabatu de leur recepte sanz contredit par nos amez et féaulx les gens de nosdiz comptes, nonobstant quelxconques ordonnances, mandemens ou deffenses a ce contraires; mandons aussi a tous les justiciers et officiers de notre dit duchié ou a leurs lieutenans que audit Jehan ou a ses diz commis baillent et facent bailler chair pour donner mangier ausdiz loups et louves par pris raisonnable, et contraignent les genz des lieux à venir à la chace à deux lieues à la ronde, ainsi que il est accoustume de faire. Et audit Jehan et a sesdiz commis sueffrent et laissent chacier et prendre par tout notre dit duchié loups et louves par la manière dessus dite, sanz les troubler, molester ou empescher aucunement au contraire. Ces présentes après deux ans non valables. Donné a Chasteillon, le iiie jour de janvier lan de grâce mil cccc et quatre, soubz notre seel, duquel nous usions avant le trépas de feu notre très redoubté seigneur et père cui Dieux pardonnent. Ainsi signé : par monseigneur le duc : BORDES. Et au dos desdites lettres est escript ce qui s'ensuit : Jehan Chousat, conseiller trésorier et gouverneur général de toutes les finances de monseigneur le duc de Bourgogne. Receveurs et chastellains du duchié de Bourgongne, accomplissez le contenu au blanc de ces présentes tout par la forme et manière que mondit seigneur le mande. Escript le xxixe jours de mars lan mil cccc et cinq avant Pasques. Ainsi signé : J. CHOUSAT. Item est encore escript au dos desdites lettres : Je Guillaume Chemly, receveur général du duchié et conté de Bourgogne pour monseigneur le duc de Bourgogne : Receveurs et chastellains du duchié de Bourgongne, accomplissez le contenu au blanc de ces présentes tout par la forme et manière que mondit seigneur et son trésorier le mandent. Escript le xxviie jour d'avril mil cccc et six. Ainsi signé : G. CHEMLY.

Cette ordonnance rendue dans l'intérêt des populations et aussi pour la protection des « sauvagines », contraignait les habitants à deux lieues à la ronde du point d'attaque d'assister aux battues; mais la chambre des comptes en la transmettant aux baillis et châtelains leur fait remarquer que cette contrainte est abusive, qu'elle va avertir le duc et qu'en attendant on ne devra pas exiger cette nouvelle corvée.

Les gens des comptes de monseigneur le duc de Bourgogne à Dijon. A tous les bailliz, receveurs, chastellains et autres officiers a qui ce pourra toucher ou a leurs lieutenans, salut. Nous vous mandons et a chaçun de vous, si comme a lui appartiendra, que Jehan de Foissy nommé ès lettres de notre dit seigneur, a la copie desquelles ces présentes sont atachées soubz le signet de linz de nous, vous faites et laissez chacier aus loups tout par la forme et maniere contenue en ladite copie, excepté en tant qu'il touche la clause qui dit : « Et contraignez les gens des lieux a venir a la chace de deux lieues a la ronde du lieu ou lesdictes chaces sont faites, pour ce quil n'a pas esté accoustume et quil est contenu esdictes lettres, selon ce quil est accoustume et pourroit estre au grant déplaisir de notre dit seigneur, s'il venait a sa cognoissance pour la grant grevance que ses subjiez y pourroient avoir, laquelle chose nous lui ferons savoir. » Et par rappourtant les quittances et certifficacions a ce appartenant ce que vous lesdiz receveurs et chastellains lui aurez ainsi paié sera alloué en voz comptes par la manière contenue es lettres de notre dit seigneur. Escript a Dijon le xxiiii jour de septembre lan mil cccc et six.

Les gens des comptes en essayant d'exempter les paysans de la corvée des battues n'ont abouti qu'à faire transformer la corvée en une taxe, comme le prouve l'ordonnance de Philippe le Bon, du 12 août 1443.

Phelippe, par la grâce Dieu duc de Bourgongne, de Lotharingie, de Brabant, de Lembourg, conte de Flandres, d'Artois, de Bourgongne, palatin de Hainaut, de Hollande, de Zellande et de Namur, marquis du Saint-Empire, seigneur de Frise, de Salins et de Malines. A noz baillïz de Chalon et de Charrolois et a notre bailli en nostre conté de Mâcon ou a leurs lieutenans, salut. Pour obvier aux dommaiges et inconvéniens qui s'ensuivent de jour en jour es mettes de vos bailliages pour la grant multitude de loups et loupves qui sont en plusieurs parties de vos diz bailliages et font journellement plusieurs maulx et dommaiges aux bonnes gens et subgez du pays et plus pourroient faire se pourveu ny estoit comme entendu avons. Nous confians a plain des sens et bonne diligence de Guillaume Macheco, icelui avons commis et ordonné, commectons et ordonnons en lui donnant licence, povoir et auctorité par ces présentes que tant par lui comme par ses aydes et commis il puist chacier et faire chacier ausdits loups et loupves par tous les lieux de vos diz bailliages de Chalon et de Charrollois, suivant quil se entendent ou royaume deça la rivière de Soone et aussi en notre dit conté de Mascon, où il en sera repairié a force de chiens, fillez, harnoiz et autres engins a ce loisibles et convenables. Et pour ce faire lui avons octroyé et octroyons que pour chacun loup ou loupve quil prendra ou fera prendre il aura et prendra pour tous fraiz deux deniers tournois sur chascun estant a deux lieues a la ronde près du lieu ou lesdits loups et loupves auront esté prins, ainsi et par la manière quil est accoustumé, sans y comprendre toutes voies les mendians et autres misérables personnes. Si vous mandons et a chacun de vous, si comme a lui appartiendra que lesdits deux deniers tournois vous cueillez et lévez ou faciez cueillir et lever par la manière qui dit est. En contraignant a ce tous ceulx qui pour ce seront a contraindre par telle manière qu'il ny ait deffault. Et iceulx ainsi cueilliz et levez comme dit est, baillez et délivrez ou faicez bailler et délivrer audit Guillaume Macheco ou a son certain commandement, et aussi lui faictes bailler et délivrer a ses despens pour juste prix quil paiera promptement toutes choses qui a ce faire lui seront nécesses en faisant ladite chose. Ces présentes après trois ans prochain venant à compter du jour de la date d'icelles non valables. Donné en notre ville de Dijon le xii jour d'aoust l'an de grâce mil quatre cens quarante et trois. Par monseigneur le duc : Gros.

Le duc Philippe avait déjà signé à Nevers le 9 février 1441, une pareille ordonnance de louvetier en faveur de Guillaume Bastard Doiche, pour les bailliages d'Autun, de Montcenis et de Charollais.

Malheureusement pour les habitants des campagnes la corvée des battues sera bientôt de nouveau exigée ; et la taille sera maintenue, non pas par le pouvoir royal mais par les louvetiers, comme le constate le registre des élus de Bourgogne du mois de mars 1636 : « Néanmoins, disent les élus, aucuns se prévallent desdites commissions ou sur d'autres prétextes ne laissent de prendre et exiger de plusieurs communautés certains prétendus droits desdites chasses à l'oppression et foulle du peuple. »

Les délibérations des élus, les ordonnances du prince de Condé, le rétablissement des primes payées par les Etats, n'empêcheront pas les louvetiers de lever une contribution sur les habitants des campagnes pour la chasse au loup.

Philippe le Bon en transformant la corvée de battue en taille avait ouvert la voie aux abus qui n'ont pas encore cessé à la veille de la Révolution. Par l'article 10 de l'arrêt du conseil d'Etat du roi portant règlement pour la chasse aux loups, en date du 15 janvier 1785, « défend Sa Majesté aux officiers de la louveterie, d'exiger aucune retribution des habitans des campagnes, pour raison de leurs chasses, Sa Majesté autorisant lesdits sieurs intendans à accorder des gratifications à ceux qui auront justifié des prises de loups. »

De nos jours l'administration départementale délivre encore des primes, les louvetiers ne lèvent plus de contribution sur les paysans; mais les communes qui demandent des battues sont obligées de fournir un certain nombre de traqueurs. Toutes les corvées n'ont pas été abolies par la Révolution ; la corvée des battues a été maintenue et dans certaines régions les fermiers donnent encore en contribution volontaire, de la laine à tout individu qui, ayant tué un loup dans les environs, va le montrant aux portes pendu par les pattes, l'œil terne et la langue tendue.

Cette promenade vaut une constatation en due forme; le cadavre du loup ainsi exposé pendant plusieurs jours ne risque pas de ressusciter et, comme certains louvards primés, de se faire chasser l'année suivante comme grands loups qu'on tue alors réellement et qui fournissent une seconde prime. Les comptables de la cour de Bourgogne ne délivraient les primes qu'à bon escient, témoins les certificats de Jean de Foissy et des sergents et gardes de la haute forêt d'Argilly.

Saichent tuit que je Jehan de Foissi, escuier, maistre veneur de monseigneur le duc de Bourgoigne et son maistre forestier d'Argilly et de Vergey, confesse avoir eu et receu de Compaignot Vernon, chastellain d'Argilly, la somme de dix frans dour qui deuz m'estoient por la prime de trois loupves et de deux loups que jay prins ou boisson de Montmoyen, emprès la forest d'Argilly, le huictième jour du mois de fevrier courent mil quatre cens et quatre dairnairement passé et desquelles loupves et loups, incontinent qu'ils furent prins en la présence de Jehan Roubert et de Guillemin Goudier, sergens et gardes de la haulte forest d'Argilly et de plusieurs autres personnes, jay couppés dung chacun d'iceulx le piez droit, et m'estoit deu pour chascun loup et loupve deux frans qui valent pour lesdiz cinq loups et loupves lesdiz dix frans, desquelx je suis content. En tesmoing de ce jay mis mon soing manuel avecques mon seel en ces présentes lettres faictes et données le cinquième jour du mois d'avril avant Pasques l'an mil quatre cens et cincq.

Et nous Jehan Roubert et Guillemin Goudier, sergens et gardes de la haulte forest d'Argilli, certiffions en vérité que le viiie jour du mois de fevrier courrent mil cccc et quatre, Jehan de Foissi, escuier, maistre veneur de monseigneur le duc de Bourgoigne et son maistre forestier d'Argilly et de Vergy, en notre présence et en la présence de plusieurs autres personnes print trois loupves et deux loups ou boisson de Montmoyen près de ladite haulte forest d'Argilly et d'ung chacun d'iceulx loups et loupves ledit Jehan de Foissi couppa les piez droiz, et ce nous certiffions en vérité estre vray. En tesmoing de ce nous avons requis le soing manuel du notoire ci après escript, avecques nos scelz est mis en ceste présente certiffication faite et donnée le vi[e] jour du mois d'avril avant Pasques l'an mil cccc et cincq.

L'officier ducal qui délivrait le certificat avait soin de conserver par devers lui les pièces à l'appui, ainsi fit Guillemin de Franconville en 1387.

A tous ceulx qui verront et oiront ces présentes lettres, je, Guillemin de Franconville, escuier, premier veneur de monseigneur le duc de Bourgogne, et maistre forestier d'Argilly et de Vergy, savoir faiz que ou mois de may derrier passé l'an mil iii[c] iiii[xx] et six, Jehan Thomas de Baignouls, louphier de monseigneur le duc, apourta a Argilly trois louphaz tous vis desquelx je retins et couppa les pies destres. Item, que ou mois de juillet suigvant ledit louphier appourta audit Argilly deux loups tous entiers, desquelx je couppa les pies destres et les retins par devers moy. Et ce je certiffie en vériteу. Tesmoing mon scel mis a ceste présente certiffication faicte et donnée le viii jour du mois de janvier lan mil ccc iiii[xx] et sept.

Les comptes des receveurs de la gruerie en Bourgogne mentionnent très souvent des prises de loups; ainsi nous relevons ce qui suit dans les comptes de la gruerie des bailliages d'Autun et de Montcenis :

1406. Michot Renard, jadis sergent et forestier du bois de Planoise et de la Thoison est devenu louvetier et qu'il touche une prime de 20 sols pour un loup pris le 1er janvier, à côté de l'étang de la Thoison.

1407. Michot Renard tue 4 loups et 1 louve, et Jehan de Foissy, qui est venu en déplacement jusque dans les forêts de l'Autunois, a tué 2 loups et 4 louves.

1413. Jehan Durand, louvetier, reçoit 3 francs 1/2 pour avoir pris « ung loup, une loupe et deux loupoz, » le 20 août.

1420. Nous voyons apparaître comme louvetier Droin de Nailly, qui figure encore dans le compte de 1450. Pendant trente années d'exercice, cet habile louvetier qui tua jusqu'à 13 loups en 1430, dut purger la forêt de Planoise de ces hôtes dangereux. Les primes avaient varié, ainsi tandis que Jean de Foissy touchait 2 francs par loup ou louve, Droin de Nailly ne touchait que 1 franc par loup et 18 gros par louve; mais en 1439, le duc règle la prime.

A Droin de Nailly, loupvier de monseigneur le duc de Bourgoigne et commis de lui a chacier et prendre ou faire chacier et prendre loups et loupves es mettes du baillage d'Ostun et de Moncenis, a chiens, harnoils et fillés, comme il appert par les lettres de mondit seigneur données le xx jour de may lan mil cccc xxix dont la coppie est cy rendue par lesquelles mondit seigneur lui ordonne estre paié par son recevour de la gruerie par chacun loup qu'il prendra xx sols tournois et par chacune loupve xxx sols tournois, en rappourtant les piés destres desdits loups et louves.

Pendant les dernières années si troublées du duché de Bourgogne, Charles le Téméraire n'entretient plus un service de louveterie; il loue la chasse quand il le peut.

En 1475. Du prouffit et émolument des affourestaiges et accords de la chasse des loups, lieures et perdrix. Néant. Pour ce que ou temps de ce présent compte aucuns afforestaiges ne accords nen ont esté fais et ne treuve lon a cui l'admodier.

De même que nous avons trouvé des louvetiers pour les bailliages d'Autun et de Montcenis, nous avons aussi une ordonnance du duc, datée de Paris le 14 janvier 1394, qui commet Coppin Noppe, son maitre forestier de Salmaise, pour « chacier et prendre à force de chiens, harnois, fillez et autres engins loisibles loups et loupves dans les bailliages d'Auxois et de la Montagne. »

Quand il n'y avait qu'une seule gruerie pour tout le duché, il n'y avait qu'un seul louvetier aussi; mais quand les exigences du service firent créer 2 grueries : l'une pour les bailliages de Dijon, d'Auxois et de la Montagne; l'autre pour les bailliages d'Autun, Montcenis, Chalon et comté de Charollais, il y eut alors 2 louvetiers, c'est-à-dire 1 par gruerie. Nous pouvons donc affirmer que le service de la louveterie, déjà organisé sous les ducs de Bourgogne de la première race, a été maintenu et réorganisé sous les puissants ducs de la race royale ; et que, si pendant les malheureuses années qui précédèrent la mort de Charles le Téméraire, ce service fut abandonné, il fut bientôt rétabli par le pouvoir royal pour se continuer jusqu'à la Révolution.

Si, sous l'ancienne monarchie, l'habitant des campagnes du royaume n'avait pas le droit naturel de défendre ses propriétés et sa personne contre les animaux sauvages, la rigueur des ordonnances avait reçu un tempérament en Bourgogne, où les ducs étaient des princes trop éclairés et trop soucieux des intérêts de leurs sujets, pour interdire aux paysans le droit de défense.

Ainsi en 1408, Jehannot Robelot, d'Etevaux, prend une louve dans son hôtel, lui coupe le pied droit, l'apporte au châtelain et il reçoit une prime de 10 sols tournois. C'était un cas de légitime défense.

La même année nous trouvons un exemple de la tolérance du pouvoir ducal, puisque un sieur Perrenot Guiote, de Saint-Marc, prend sur le territoire de cette paroisse, une louve à force de gens et de chiens, qu'il apporte au receveur « le pié destre et ensemble la nature, » et qu'il reçoit une prime de 6 gros.

Donc en Bourgogne au commencement du quinzième siècle, les paysans avaient le droit de destruction du loup ; ils touchaient les primes, mais les receveurs et les châtelains étaient toujours sur leurs gardes pour ne pas se laisser tromper ; en 1378, un sieur Michel Renart apporte un loup mort, mais il est obligé d'affirmer devant témoins et par « serments sur les saints Evangiles ledit loup avoir esté mort par les loppins y gestez par ledit Michiel. » L'usage du poison était donc aussi permis dès cette époque.

Service de louveterie organisé, droit de destruction du loup pour les paysans, faculté de se servir de piéges et de poison, existaient déjà en Bourgogne, il y a quatre siècles ; les gouvernements qui se sont succédé n'ont pas fait mieux ; les armes à feu n'ont pas détruit tous les animaux nuisibles, et les grands massifs de forêt de la Bourgogne recèlent encore des hôtes malfaisants.

Les loups n'étaient pas les seuls animaux nuisibles contre lesquels les ducs avaient organisé une administration chargée de les détruire. Le loup est un animal dangereux pour le gibier, les animaux domestiques et l'homme lui-même ; sa destruction devait nécessairement faire l'objet de la sollicitude du pouvoir. L'origine de la louveterie comprend donc à la fois l'intérêt des populations et la protection du gibier qui servait aux plaisirs des seigneurs et à l'approvisionnement de leur table ; l'origine de la loutrerie n'est certainement que la protection du poisson dont le moyen âge faisait une si grande consommation.

Les loutriers ou leurriers, chargés de la destruction de la loutre dans les rivières et dans les étangs du duché, existaient déjà sous les ducs de la première race.

Dans le compte du gruyer de Bourgogne, Geoffroy de Blaizy, pour l'année 1354, nous avons trouvé un chapitre spécial intitulé : *Prise de lorres*, qui donne des détails complets sur cette chasse.

L'ordonnance suivante de Philippe le Hardi, en date de septembre 1375, complète les renseignements.

Phelippe, fils de roy de France et duc de Bourgoingne. A tous ceulx qui ces présentes lettres verront, salut. Combin que notre très chière et amée compaingne la duchesse lors aiant le gouvernement de notre duchié en notre absence, eust nagaires ordené par ses lettres et par l'avis de notre gruier de Bourgoingne, que pour chacune leurre que noz leurriers avoient pris et pranroient depuis le quatriesme jour de novembre ccc lxxiiii jusques au secont jour de feuvrier ensuivant que ladite ordenance fu faite, et dudit iie jour de feuvrier jusques à un an après ensuivant ou tant comme il nous plairoit, lesquelles leurres prises par eulx ils monstreroient toutes entieres, senz escorchier, à noz chastellains des lieux en quelx destroiz elles auroient esté prises. C'est assavoir a chascun chastellain en sa chastellenie et paravant ycelle ordenance avoient accoustume avoir leurs despens d'un varlet avec eulx et de leurs chiens sur nous tant comme ils chaceroient pour nous a ycelles leurres que chascun de nosdiz chastellains leur estoit tenuz paier et délivrer eulz chacant en sa chastellenie, avec quatre gros tournoiz d'argent viez pour chacune leurre qu'il pranroient comme dessus par les mains desdiz chastellains et les peaux d'icelles, ensemble dix aulnes de drap pour leurs robes et trois bichoz orge par an, pour faire les despens de leurs diz chiens ou temps quil ne povoient chacier, lesdiz leurriers eussent pour chascune leurre quil pranroient dont il feroient démonstrance aus diz chastellains comme dessus est dit et en devoient iceulx chastellains couper le pié destre, dix huit gros tournois d'argent viez, avec lesdites dix aulnes de drap par an pour leurs robes et lesdiz trois bichoz orge, lesquelx dix huit gros pour leurre notre dite compaingne a mandé par ses dites lettres aus receveurs ordenez en notre gruerie paier audiz leurriers chascun es terme de sa recepte, eue certifficacion des chastellains des lieux où elles avoient esté et seroient prises, et aussi a mandé par icelles lettres a noz amés et féaulx les gens de nos comptes que lesdiz drap et orge il leur facent paier en la manière accoustumée par cellui que bon leur semblera, si comme de ces choses nous est apparu par lesdites lettres de notre dite compaingne. Et de par Girart le Lobiat et Viennot le Broichetat d'Accaulx, nos leurriers, nous ait esté donné a entendre que moult griève chose et sumptueuse leur est de aler par devers nosdiz receveurs de ladite gruerie quant ils ont pris deux ou trois leurres ou plus querre leur paiement ou salaire des dix huit gros pour leurre et par avant pranre la certifficacion sur ce des chastellains en qui mettes il les prennent. Car il advient souvent que du lieu où il ont pris et prennent lesdites leurres jusques es villes ou demourent lesdits receveurs, a aucune foiz xii lieues ou plus ou moins et autre foiz ne trouvent pas lesdits receveurs, mais sont alez hors pour le fait de leurs offices par quoy en telles alées et venues il ont emploié et amploient la plus grant partie du temps senz ce quil puissent chacier ne pranre lesdites leurres, dont il ont esté et sont moult grevés et domaigiéz et mesmement de ce quil en ont pris depuis longtemps en ça, il n'ont eu ne peu avoir aucuns paiemens ou satisfacion nonobstant ce quil aient certifficacion desdits chastellains de celles quil en ont prises. Et pour ce nous ont supplié que sur ce nous leur veuillons pourvoir de remède, ou autrement il leur conviendra de laisser leurs dits offices. Savoir faisons, que les choses dessus dites considérées et oyé sur ce la relacion dudit gruier, nous, afin que lesdiz leurriers puissent plus diligemment et continuellement vaquer à la prise desdites leurres et soient plus enclins et fervens, avons ordené et ordennons de rechief que doresnavant, tant comme il nous plaira, il aient pour chacune leurre quil ont prise depuis ladite ordenance..... notre dite compaigne, dont satisfacion ne leur a été faite et de ce apperrera par la certifficacion desdiz chastellains, et aussi pranront doresnavant et les feront monstrer ausdiz chastellains toutes entières senz escorchier, dont lesdiz chastellains couperont tantost le pié destre, lesdiz dix huit gros tournois d'argent, lesquelz nous leur voulons estre paiéz par les mains desdiz chastellains en qui chastellenies il les ont prinses et pranront avec les peaux d'icelles leurres. Et que huit aulnes de drap, cest assavoir quatre aulnes pour chascun il aient doresnavant chascun an au terme de la Toussains, tant comme il nous plaira comme dit est, par les mains de notre receveur de la gruerie ou bailliage de Diion, qui ores est et sera ou temps avenir. Et trois émines orge, cest assavoir a chascun trois bichoz il aient doresnavant, tant comme aussi il nous plaira comme dit est, par les mains de notre chastellain de Saulx, chascun an audit terme de Toussains, commançant le premier terme pour ceste année ou cas que paiez n'en auroient esté a la feste de Toussains prochain venant. Si donnons en mandement a tous noz chastellains de notre dit duchié et a chascun d'eulx, si comme lui appartiendra que lesdits dix huit gros pour chacune leurre quil ont prise, dont il leur apperera par leurs certifficacions et aussi quil pranront doresnavant dont foy leur sera faite par la vision desdites leurres entières senz escorchier et seront tenuz iceulx chastellains de faire tantost couper en leur présence ledit pié destre, il paient ausdiz leurriers ou a leur certain mandement, cest assavoir chascun pour les leurres quil ont prises et panront es mettes de sa chatellenie. Et aussi a notre dit receveur de la gruerie oudit bailliage de Diion et a notre dit chastellain de Saulx, qui ores sont et seront, que lesdiz robe et orge il paient chascun en droit soy doresnavant chascun an a yceulx leurriers ou a leur dit mandement, au terme dessus dit, en prenant sur ce d'eulx lettres de quittance par lesquelles rapportant avec les certifficacions dessus dites et une foiz pour la première la copie de ces présentes collacionnée en la chambre de nos comptes, tant seulement ce que ainsi paié leur auront, sera alloué en leurs comptes et rabatu de leurs receptes senz contredit nonobstant l'ordenance dessus dite faite par notre dite compaingne et autres mandemens ou deffenses a ce contraires. En tesmoing de ce nous avons fait mettre a ces lettres le petit scel de notre court en absence du notre. Donné a Argilley le xx jour de septembre l'an de grâce mil ccc soixante quinze. Ainsi signé : par monseigneur le duc : CHAPELLES.

Le service de la loutrerie fonctionnait donc en Bourgogne parallèlement avec le service de la louveterie et ne se confondait pas avec lui, comme de nos jours, où le lieutenant de louveterie est chargé de la destruction de tous les animaux nuisibles, quelles que soient leurs mœurs et quel que soit leur habitat.

La loutre habite exclusivement près des eaux douces, ruisseaux, étangs, ou rivières bordées de forêts ; elle a des habitudes plutôt nocturnes que diurnes, et elle cause de grands dégâts dans les cours d'eau qu'elle dépeuple de poissons et d'écrevisses. On la chasse maintenant à l'affût ou au piége, et rarement au chien ; il semble qu'au contraire aux quatorzième et quinzième siècles les loutriers se servaient de chiens. En effet nous voyons par l'ordonnance de Philippe le Hardi qu'ils avaient des chiens. Mais ces animaux ne faisaient pas partie de la meute ducale, ils appartenaient aux loutriers, qui recevaient une certaine quantité de grain pour leur nourriture. Comme les veneurs, les fauconniers et les louvetiers, les loutriers avaient une livrée spéciale aux couleurs du duc. Leur traitement n'était pas fixe, mais il était proportionné au nombre de loutres détruites, et la constatation de la destruction se faisait avec soin. Le pied droit de la loutre était joint comme pièce à l'appui au mandat de la prime ; et le loutrier avait en outre pour lui la peau, belle, brillante, chaude et durable fourrure dont on faisait des bonnets et des manteaux.

Les loutres étaient nombreuses à cette époque dans la Saône et dans ses affluents. Une liasse de certificats pour l'année 1409 prouve que les leurriers détruisirent soixante-treize loutres dans les rivières de la Saône, la Tille, la Norge, la Vingeanne, la Bèze, l'Ouche, la Varaulde et dans les étangs de Soirans.

Pour la destruction des loups comme pour celle des loutres,

la question se pose de savoir si, au quinzième siècle, les conseillers des ducs de Bourgogne s'inquiétaient déjà du droit des tiers. Une ordonnance du 15 mars 1421, de Philippe le Bon, semble indiquer que si le loutrier reçoit, de par ses lettres d'institution, le droit de chasser la loutre dans les rivières et étangs des particuliers, il y eut intérêt à le stipuler, car cette ordonnance commet « Symonnot le Boillernet pour chacier et prendre leurres en et par toutes les rivières et estangs tant de nous que d'autres, au duchié et conté de Bourgoigne. »

La destruction des loutres était d'utilité publique à cette époque, où le poisson entrait beaucoup plus que de nos jours dans l'alimentation des personnes scrupuleusement obéissantes aux règles de l'Eglise, qui, il faut le dire, avait assimilé la loutre aux aliments maigres, parce que cet animal vit dans l'eau et se nourrit de poissons.

Aussi pour compléter ce service, le duc Jean sans Peur avait donné à Dijon, le 27 septembre 1406, une ordonnance pour instituer un troisième loutrier, après avoir reçu avis de ses gruyers qu'une grande multitude de loutres gâtaient ses étangs.

Une grande partie des étangs de Bourgogne sont desséchés et mis en culture, et les loutres ont considérablement diminué dans ce pays, qui reçoit de l'Amérique du Nord, les peaux nécessaires à la coiffure des chasseurs qui n'ont sans doute gardé de leurs prédécesseurs du quinzième siècle, que le bonnet de peau de loutre.

Ainsi aux quatorzième et quinzième siècles, par l'institution des louvetiers et des loutriers, les ducs de Bourgogne avaient organisé la défense contre ces deux seules espèces à l'égard desquelles la nécessité est incontestable; et ils n'avaient pas imaginé de donner au louvetier ou au loutrier le droit de destruction du renard, du blaireau, du chat sauvage, du putois, de la fouine, des martres, des hermines et des belettes, dont les peaux étaient utilisées dans le costume, ni du sanglier dont la chair approvisionnait leur table, et encore moins du lapin, pour lequel ils avaient établi des parcs spéciaux appelés garennes et institué des officiers sous le nom de garenniers.

Le mot garenne a souvent signifié chasse réservée, sur un fonds quelconque, à tous les animaux possibles; mais ici le sens du mot garenne est beaucoup plus restreint, c'est une étendue de terrain spécialement consacrée à la multiplication du menu poil et particulièrement des connins ou lapins de garenne.

Les principales garennes ducales étaient celles de Champfouchart, sur Diénay, le parc d'Aisey, le parc de Salmaise, les garennes de Vaulthibaut, dans le bailliage de la Montagne; de Juilli, en Champagne; du Pont d'Anjeu, de Chanteloux, de Montméen, de Montperoux, du château de Montcenis, dans l'Autunois; de Beaumont et de Cortevais, dans le bailliage de Chalon; enfin de Mofflaines et de Fampoux.

Le premier garennier, dont le nom nous soit parvenu, est celui de Pierre de Villers, escuier, qui donna le certificat suivant :

> Je Pierre de Villers, escuier, garanier de la garanne de Vaulthibault, certiffie en ma léaultey et conscience que jai paié content, tant pour les journées des chasseurs comme leurs despens, qui ont pris en ladite garanne cent trente et six connins, de l'ordonnance de maistre Pierre du Celier, gruier de Bourgogne, pour la despen de l'ostel de monseigneur de Bourgogne environ quaresme entrant darnier passé, lesquels connins jai livrez a Dijon pour la despen de mondit seigneur, la somme de trois frans dix deniers tournois, lesquel iii frans x deniers tournois jai ehuz et recuz de Pierre Rebillart, chastellain de Villers le Duc et de Maisey, et man tient pour bien paiéz et contens et en quitte ledit chastellain et touz autres a qui quittance en appartient. En tesmoing de laquelle chouse jai mis mon seel a ses lettres, qui furent faites le xv jour de fevrier l'an mil ccc iiii^xx et dix.

En 1398, le garennier de Vaulthibaut est un nommé Mahiet Cousin, valet de chambre et fourrier du duc, mais comme il ne peut exercer toutes ses fonctions en même temps, par lettres en date du 1er janvier 1398, le duc de Bourgogne mande au gruyer des bailliages de Dijon, d'Auxois et de la Montagne, qu'il a permis audit Cousin de faire exercer l'office de garennier de Vaulthibaut, dont il est pourvu, par un autre approuvé du gruyer. En 1403, comme le remplaçant du garennier n'a pas les connaissances suffisantes, le duc ordonne : « Item pour ce que Mahiet notre fourrier et garennier de notre garenne de Vaulthibaut, qui est nouvel office, à quarante livres de gaiges, ne exerce point ledit office ne na sa résidence au lieu, mais est le plus de temps occupé ou fait de son office de fourrerie en notre hostel et fait desservir ledit office de garennier par personne non suffisant, si comme il nous a été rapporté, nous cassons et adnihillons ledit office et gaiges, et voulons que ladite garenne et le bois soient gardés par les forestiers de nostres forêt de Villers et d'Aisey, ainsi qu'il souloit estre. »

En 1427, il y a de nouveau un garennier de Vaulthibaut, ainsi qu'il résulte de « l'advis fait par Laurent de Thoisy, gruyer de Monseigneur le duc de Bourgogne es bailliaiges de Dijon, Auxois et la Montagne sur le fait des forestiers et autres officiers de la guerie estans esdits bailliaiges et sur les gages diceulx....... Item quant au garennier de Vaulthibault qui aussi a la garde de l'estang de Nod et souloit avoir xl frans de gaiges et par l'ordonnance dardnièrement faite ont esté ramenes à xx frans, il semble audit gruyer que ledit garennier, considéré la charge dessus dite, qui est grande, s'il veut faire son devoir, peut bien avoir xxv frans de gaiges. »

Le même avis mentionne le forestier et garde des bois et garenne de Champfouchard et des buissons de Charmois.

Les lapins des garennes ducales se chassaient au furet, ainsi que le prouve le compte de Jean de Pressi, receveur général des finances pour l'année 1407.

A Perrin Gasset, garde de la garenne de Mofllaines et de Fampoux, pour don a lui fait le xiiiie jour de fevrier ensuivant, tant pour avoir des vaches pour nourrir des furons que pour avoir une houppelande, x frans. A Jehan Ledelie, sergent de ladite garenne, pour don a lui fait le xiiii jour de fevrier, tant pour consideracion de la paine et dilligence quil a eue et prinse en liver mil cccc et vii pour soingner des connins pour les grans neiges qui furent lors et pour la dilligence aussi quil fait tous les jours pour la garde de ladite garenne, comme pour avoir une robe et autres ses nécessitez, v frans. [1]

Ainsi donc en hiver, par la neige, on donnait du fourrage aux connins pour les empêcher de mourir de faim ; comme, en somme, ces connins devaient servir à l'approvisionnement des cuisines ducales, la mesure était bonne ; mais que penser du détail suivant, relevé dans le même compte :

Et a Thomassin le veneur, ledit iie jour dudit mois, pour acheter ung vielz cheval a donner aux loux que mondit seigneur entendoit chacer le diemenche après au bois de S. Cloud............. i escu.

Il faut croire que le duc aimait la chasse pour elle-même, c'est-à-dire pour le plaisir de poursuivre à cheval un animal sauvage, fuyant devant ses meutes animées par le son des trompes de la vénerie.

Du reste, on ne peut douter de la passion cynégétique du duc qui élevait des daims dans son parc d'Aisey.

En la chastellenie d'Aisey, selon l'ordonnance dardnierement faite a seulement ung forestier pour la garde du bois d'illec et aussi lui avoit lon baillié la charge du parc et des dains a x frans de gaiges. Il semble adce audit gruier que une personne ne peut bonnement faire ceste charge et quil est bon quil y ait deux personnes comme souloit anciennement avoir, dont l'un serait garde et forestier du bois, et l'autre aura seulement la garde du parc et des dains et que chacun ait v frans de gaiges.

Le budget de la destruction des animaux nuisibles comprenait aussi le chapitre des oiseaux de proie : aigles, hérons, enffraignes étaient mis à prix sur présentation de leur pied droit. Ainsi en 1364 :

1. Arch. de la Côte-d'Or, B. 1554.

Laurent Jaquelin, conseiller de monseigneur le duc et lieutenant général de monseigneur le gruier de Bourgogne es bailliages de Dijon, Auxois et la Montagne, a noble homme Joachim de Montleon, escuyer, capitaine et chastellain de Villers le Duc et de Maisey et receveur de la guerie esdites chastellenies ou a son commis, salut. Nous vous mandons que des deniers de votre recepte vous payez, baillez et delivrez a Jehan Gallot, sergent forestier des bois et forest dudit Villers, la somme de six gros qui deuz lui sont et que luy avons tauxés pour la prise de deux petits aigles de la maulvaise aigle qui mangent et dégastent les poissons des estangs de mondit seigneur le duc estans en ladite forest de Villers, lesquelx aigles ledit Gallot a pris en icelle forest près de l'estang de Bauludreau, et dont il nous a apporté les pieds droits le viii jour du mois de may l'an mil ccc soixantre et quatre.

CHAPITRE CINQUIÈME

Les espèces de gibier chassées en Bourgogne. — La chasse et la politique. — Les dons de gibier. — Les intermèdes de chasse dans les banquets. — Les attributs de chasse dans l'ameublement. — Les manuscrits. — La venaison à la table des ducs.

Les stations préhistoriques de la Bourgogne contemporaines de l'âge de pierre ont conservé des ossements d'espèces disparues non-seulement de ce duché, mais de la France : le renne, l'élan, le bison, l'urus, le chat des cavernes, ont habité les rives boisées du grand lac bressan avant la période moderne.

Aucun document ne nous permet d'affirmer la présence en Bourgogne du castor, qui n'habite plus en France que les îles de la Camargue, et quant à l'ours, relégué aujourd'hui dans les Alpes et dans les Pyrénées, il avait disparu de Bourgogne dès le commencement du moyen âge. Le fameux ours qui, au dire de l'abbé Lebœuf, mangea un volume des Lettres de saint Augustin dans une des cellules de l'abbaye de Cluny, au douzième siècle, pourrait bien n'être qu'un personnage grossier et mal appris auquel saint Bernard donna l'épithète peu flatteuse d'Ursus.

Si un ours égaré dans les forêts de Bourgogne eût tenté l'ardeur cynégétique des ducs, il faut reconnaître que les fauves et les bêtes noires leur offraient d'ailleurs de nombreux objets de chasse.

Les cerfs étaient abondants en Bourgogne, surtout dans le grand massif des forêts de Villiers-le-Duc, où ils existent encore de nos jours ; mais ils ont disparu des forêts de la plaine, et quand un cerf se fait chasser dans les bois d'Argilly, c'est maintenant qu'il s'y trouve acculé par une chasse qui l'a amené des plateaux du Dijonnais.

Les daims acclimatés dans le parc d'Aisey par les ducs ne se sont pas propagés ; les quelques individus de cette espèce qui existent de nos jours dans la forêt de Grancey y ont été amenés par les propriétaires de cette importante terre, mais ils n'ont rien de commun avec ceux dont parle le gruyer Laurent de Thoisy, en 1427.

Quant aux chevreuils, on les trouve encore en abondance dans toutes les forêts de plaine ou de montagne, et le chevreuil de Bourgogne est digne de son renom.

Le sanglier est la seule bête noire qui hante les forêts de l'ancien duché ; il y est très abondant et cette abondance très remarquable, surtout depuis une dizaine d'années, a fait prendre contre lui des mesures de destruction. Les battues réglementaires dirigées par les lieutenants de louveterie ont bien plus pour objet la destruction des sangliers que la destruction des loups.

Parmi les rongeurs, le lièvre, le lapin et l'écureuil, sont encore chassés dans tous les bois ; l'écureuil [1] au moyen âge était chassé pour sa peau connue sous le nom de gris-rouge, pour la distinguer du petit-gris, et aussi comme ennemi des plantations. Déjà le livre du *Roy Modus* enseignait la manière de prendre les écureuils dans des filets pour les punir des dégâts qu'ils commettaient dans les plantations.

Le loup, le renard, le blaireau et le chat sauvage, représentent les carnassiers ; ils sont tous quatre classés parmi les animaux nuisibles dont la destruction est confiée aux officiers de louveterie. Le loup, le renard et le chat ont en Bourgogne le nom qu'ils portent dans toute la France ; le blaireau a conservé dans les campagnes son nom du moyen âge ; on l'appelle encore taisson.

Les mustéliens sont représentés par les martes, la fouine, le putois, la belette et les hermines, qu'on chasse encore de

1. « Compte de Jehan Esperon, d'Ostun, receveur et procureur de la terre, chastellenie et seignorie de Rossillon (1484-1485) : Du prouffit de la chasse des escurieulx : néant, pour ce que c'est chose de nul prouffit et que de long temps ne fut admodiée comme appert audit terrier. » (Arch. de la Côte-d'Or, B. 4885.)

nos jours comme au temps des ducs pour le profit que procure la peau.

C'est aussi pour la peau que l'on chasse la loutre, qui seule, avec le rat d'eau, appartient dans nos pays à la classe des amphibies.

Les oiseaux qui habitent encore de nos jours les forêts ou les campagnes de la Bourgogne sont :

Le vautour fauve et le vautour cendré. — Les faucons : pèlerin, hobereau, émerillon, cresserelle. — Le balbuzard. — Le jean-le-blanc. — L'autour épervier et l'autour ordinaire. — Le milan royal, le milan noir et le milan parasite. — La buse vulgaire. — La bondrée commune. — Le busard ordinaire, le saint-martin et le montagu. — Le grand duc, le moyen duc, le scops et le brachyote. — La chouette effraie, la chouette hulotte, la chouette chevêche et la chouette tengmalm. — Le corbeau, la corneille freux, la corneille mantelée et la corneille choucas. — La pie ordinaire. — Le geai ordinaire. — Le casse-noix. — L'étourneau. — Le loriot. — Les pies grièches, les gobe-mouche, les traquets, les merles, la grive, la draine, la mauviette, le pétrocincle, le cincle de roche, le rossignol, le rouge-queue, le rouge-gorge, les rousserolles, les hypolaïs, les fauvettes, les pouillots, le troglodyte, les roitelets, les accenteurs, les bergeronnettes et les pipits. — Les alouettes, les mésanges, les bruants dont l'ortolan, le bouvreuil, les grosbecs dont le verdier, le moineau, le pinson, la linotte, le chardonneret. — Les pics, le torcol, le coucou. — Le torchepot, le grimpereau, la huppe. — Le martin pêcheur. — Les hirondelles, les martinets. — Les ramiers et la tourterelle. — Les perdrix grise et rouge et la caille. — L'outarde et la canepetière, dont les passages sont très rares. — Les courlis de terre, les pluviers, le vanneau. — La grue, dont les passages sont réguliers. — Les hérons et la cigogne, dont le passage est régulier. — Les courlis, les chevaliers, le combattant, la bécasse, le bécasseau. — Les râles, la poule d'eau, la foulque. — Les goëlands et les sternes, dont les passages sont très rares. — Le pélican et le cormoran, qu'on ne voit que très accidentellement. — Les oies sauvages, les canards sauvages, dont quelques variétés ont des passages très réguliers.

Parmi les gallinacées, il est une espèce qui ne se trouve plus du tout à l'état sauvage en Bourgogne et dont l'existence au quinzième siècle ne peut être mise en doute, sur la foi de Girart Pelliçonnier, receveur de la gruerie au comté du Charollais, qui parle de lièvres, regnars, perdrix et faisans [1]. Les faisans ne peuplent plus les taillis de la Bourgogne.

Les cerfs, les daims, les chevreuils, les renards, les sangliers et le lièvre étaient chassés à courre au moyen des meutes. On commençait par détourner la bête, on la lançait à trait de limier, puis la bête lancée on découplait les chiens et les veneurs suivaient la chasse en animant la meute de la voix et de la trompe, et en utilisant à propos les relais disposés par les valets de vénerie, qui tenaient en laisse des levriers ou des mâtins, suivant qu'on avait affaire à un fauve ou à une bête noire. Dans la chasse du sanglier, on servait souvent l'animal aux abois d'un coup d'épieu, pour éviter la mort des chiens que le sanglier n'eût pas manqué d'éventrer.

Nous avons vu au chapitre de la louveterie et de la loutrerie, quels moyens on employait pour détruire les animaux nuisibles; quant au renard, on le chassait soit à courre, soit au moyen de petits chiens qui le relançaient dans son terrier, soit tout simplement on l'enfumait. Le blaireau était pris dans des bourses tendues à l'orifice des terriers, où il venait se jeter quand il était poursuivi par les chiens. Quant au chat sauvage, nous n'avons trouvé aucun document pour nous apprendre la manière dont le chassaient les veneurs de Bourgogne.

Les martes, les fouines, les belettes et les hermines étaient prises aux piéges, ainsi que l'écureuil.

Les oiseaux étaient tous pris au moyen de piéges ou de filets,

1. *Les Forêts du Charollais*, op. cit., p. 166.

à la pipée ou aux gluaux, quand on ne se servait pas pour les capturer des oiseaux de fauconnerie.

En somme, les moyens employés à la cour de Bourgogne pour chasser toutes espèces de gibier étaient les mêmes que ceux dont parlent tous les ouvrages didactiques et leur description n'a pas besoin d'être refaite une nouvelle fois.

Il sera plus intéressant de rechercher comment les ducs de Bourgogne savaient allier les plaisirs de la chasse aux soucis de la politique.

Nous avons, au courant de cette étude, noté les dons de chiens et d'oiseaux que les ducs recevaient des autres seigneurs ou faisaient à ceux-ci, la présence de ces chiens et de ces oiseaux dans les camps, les veneurs et les fauconniers de Bourgogne mis à la disposition du roi d'Angleterre; c'est qu'en effet la chasse se mêle à tous les actes de la vie privée comme de la vie publique.

En 1353, le gibier tué dans une chasse à Moillecon est distribué au pape à Avignon et aux gens du conseil.

Pour la chace et prinse de vi cerfs, desquels furent iii cerfs délivrés à monseigneur Morris de Molesson, chapellain du gruier, qui les mena à Avinon, et ii cerfs qui furent délivrez au maistre des foires en la foire chaude de Chalon ccc liii pour les despens du consoil et pour denner au marcheans, et i cerf envoié à Dijon au gens du consoil. [1]

En 1354, on prend dix-sept cerfs, sur lesquels on en donne quatre au pape, deux aux gens du conseil, deux à monseigneur le cardinal de Boulogne, un à l'abbé de Cluny et un à l'abbé de Savigny.

C'est le chapelain du gruyer qui conduit la venaison au pape, à Avignon. Cette venaison salée est conduite par terre de Dijon à Chalon ; à Chalon on la resale et on la couvre de « viii aulnes de toille » pour la descendre par eau de Chalon à Lyon, où on

1. Arch. de la Côte-d'Or, B. 1393.

la resale de nouveau. On la rembarque à Lyon sur un autre bateau, qui la descend à Avignon chez maitre Nicolle de Pennes et de là « en l'ostel du pape ».[1]

Le chapelain met cinquante jours à faire le voyage aller et retour et il compte pour ses frais 25 florins 6 gros 1/2.

Dans le compte de la dépense de l'hôtel de Madame la reine de France et de Monseigneur le duc de Bourgogne, pour l'année 1358, on trouve au chapitre : *Presens de blez, de vins et de viandes :*

De messire Jaque de Vienne........................	i cerf.
De messire Hugue de Vienne........................	i sanglez.
De la dame de Champdivers........................	vi oies.
De la dame de Villez	ii grues.

Ainsi les seigneurs ne craignaient pas d'offrir une pièce de gibier pour s'attirer les bonnes grâces de la reine et du duc, et celui-ci employait aussi les dons de gibier pour se rendre favorables le pape, les cardinaux, les abbés influents et les marchands de la foire de Chalon.

En 1393, on voit l'influence du duc de Bourgogne sur le roi Charles VI se manifester par une question de droit de chasse. Le roi ayant accordé par importunité à plusieurs personnes la permission de chasser ou de faire chasser dans ses forêts aux cerfs, biches, sangliers et truies, ce qui avait dépeuplé ses chasses, ordonna par ses lettres du 7 septembre que « toutes les permissions qu'il avoit accordées ou qu'il pourroit accorder dans la suite n'auroient point d'exécution, si elles n'étoient signées du signet du duc de Bourgogne, » et le même jour le roi donna à celui-ci une permission exclusive de chasser ou faire chasser dans la forêt de Crécy en Brie, à toutes bêtes rouges et noires, à force de chiens, filets et harnais.

Mais en 1413, Jean sans Peur voulant profiter d'une partie

1. Arch. de la Côte-d'Or, B. 1395.

de chasse pour enlever le roi, ne put venir à bout de son entreprise. Charles VI se laissa bien persuader de venir chasser au vol et il aurait ainsi permis l'accomplissement des desseins du duc de Bourgogne, quand le duc de Bavière et Juvénal des Ursins accoururent à temps, emmenèrent le roi et laissèrent Jean sans Peur partir en houzeaux de voyage, assez vexé de son aventure. [1]

Cependant au milieu des troubles, le duc continuait à chasser et, lorsque le sire de Moreuil et le président de Vailly le vinrent trouver de la part du roi, en 1415, il était en déplacement à Argilly. Il avait fait dresser ses tentes et ses pavillons dans la forêt, la duchesse, ses filles, ses dames d'honneur étaient campées, et toute la cour de Bourgogne s'adonnait aux plaisirs de la chasse à courre ou du vol. Les ambassadeurs assistèrent aux abois d'un cerf dans un des étangs de la forêt. [2]

C'était en effet de mode à cette époque d'offrir aux personnages de qualité un intermède de chasse au milieu d'un banquet. A un festin donné à Lille, en 1453, pour le duc Philippe le Bon, on vit à l'un des bouts de la salle un héron prendre son vol et son vent, et l'on entendit aussitôt plusieurs voix s'écrier : A l'aguet ! à l'aguet ! comme font les fauconniers. Dans le même instant, on aperçut au côté opposé un faucon qui s'avançait pour le combattre ; il s'élança avec tant de rapidité et heurta le héron si rudement qu'il l'abattit au milieu de la salle. Après la curée faite, le héron fut apporté au duc et mis sur la table. Au même banquet, on entendit dans l'intérieur d'un pâté gigantesque tout le bruit d'une chasse avec voix de chiens et sons de trompe. Cette anecdote suffit pour prouver le plaisir que les ducs de Bourgogne trouvaient aux déduicts de la chasse ou du vol.

L'ameublement des salles de festin rappelait aussi les plaisirs de la chasse ou les animaux qu'on y poursuivait.

1. De Barante, *Hist. des ducs de Bourgogne*, t. IV.
2. *Histoire de la chasse en France*, p. 102 et 103.

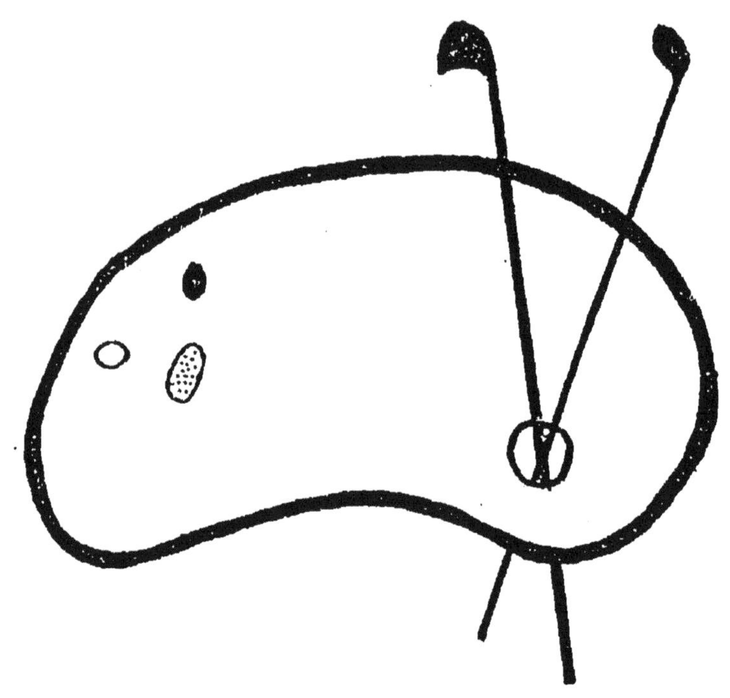

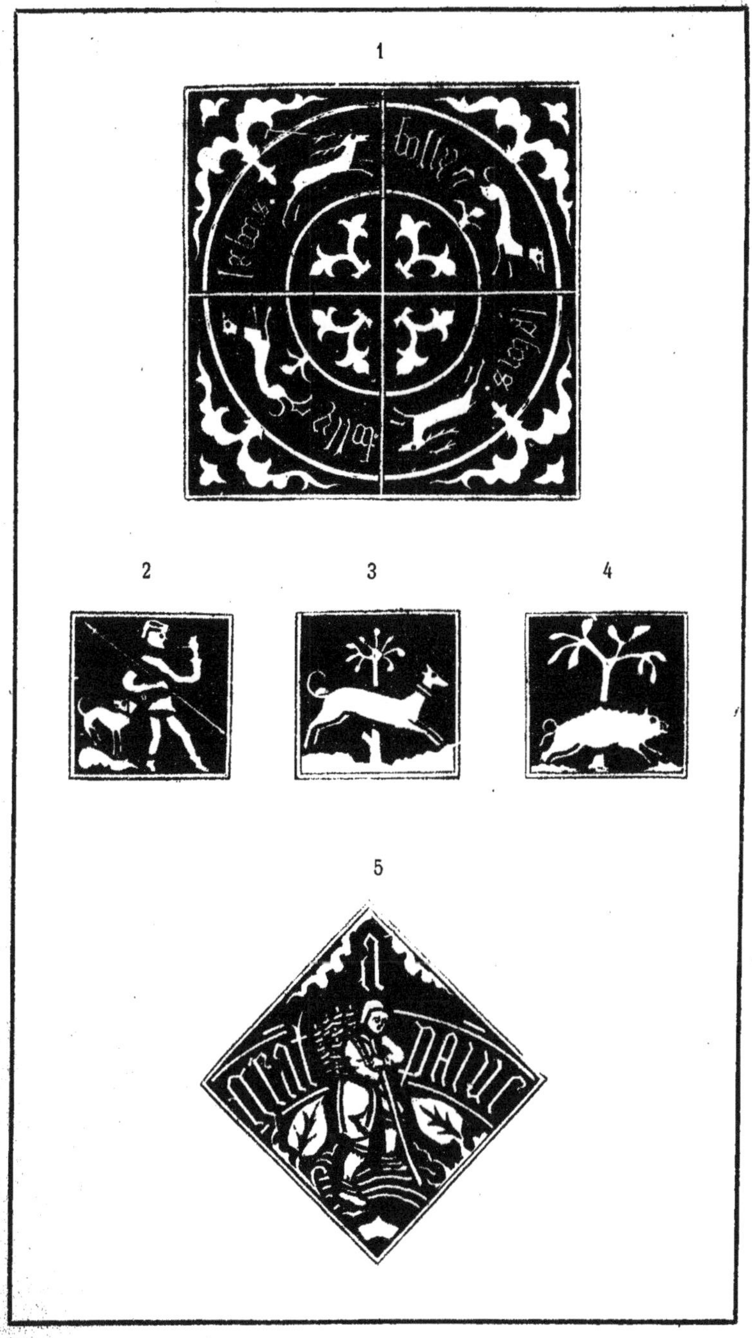

1

2 3 4

5

CARREAUX ÉMAILLÉS (XVe SIÈCLE).

1. Château de Brazey. — 2. 3. 4. Hôtel de la Trémoille à Dijon. — 5. Château de Vergy.

En 1387, le duc de Bourgogne achetait de Jacquot Domdin, tapissier à Paris, une tapisserie « de dames qui vont courre l'oiseau, » de douze aunes de long et de quatre de large. [1]

Les comptes nous donnent encore le détail d'autres tapisseries à sujets cynégétiques.

1413. A Jehan Walois, pour la vendue et délivrance d'un tappis de haultelice, fait à personnaige d'esbattement de chace, contenant lxx aulnes quarrées à l'aulne, au pris de xviii s. p. monnoie royale, chascune aulne valent............................ lxxviii f. xv s.

1426. A Jehan Walois, marchant demourant à Arras, pour la porpaye d'une chambre de tapisserie ouvrée à chasse d'ours de plusieurs contenances, garnye et estoffée.

Que sont devenues ces tapisseries « à esbattements de chasse » ?

Le musée de Dijon n'en possède pas ; mais nous en connaissons un magnifique spécimen du quinzième siècle, dans la collection de M. Bulliot, d'Autun ; elle représente une chasse au sanglier ; des veneurs à pied et à cheval arrivent près de la bête, qui fait ferme, et l'un d'eux la sert d'un coup d'épieu ; dans un coin, de nobles dames cueillent des fleurs des bois.

Les carreaux émaillés avec scène de chasses étaient aussi fort à la mode à cette époque. C'est ainsi que nous connaissons les carreaux « à la devise du levrier et du cerf » qui ornaient, à Dijon, la chambre « à ouyr comptes » de la maison au singe [2], et la résidence ducale de Brazey ; ils étaient fabriqués à Aubigny ; leur fond était rouge, et les ornements de couleur jaune représentaient un lévrier poursuivant un cerf. Le sujet est complet par la réunion de quatre carreaux. Ceux de l'hôtel de la Trémoille étaient de même couleur et figuraient, les uns un piqueur ou valet de chasse, armé d'un épieu, sonnant de la trompe et accompagné d'un chien, la tête retournée en

1. Arch. de la Côte-d'Or, B. 1469.

2. On appelait ainsi l'ancienne maison de ville de Dijon. — V. Garnier, *les Deux Premiers Hôtels de ville de Dijon*, p. 13.

arrière ; les autres un levrier colleté, lancé à fond de train et paraissant poursuivre un sanglier figuré sur de troisièmes pavés [1]. Dans les vestiges du château de Vergy, le sujet, comportant quatre carreaux assemblés, représente une autre scène de chasse : on voit le chasseur armé sur le premier carreau, le chien sur le second, le cerf sur le troisième, la biche sur le dernier, le tout entouré d'une légende assez obscure. Cette scène était variée aux quatre coins de la salle par un autre carrelage composé également de quatre carreaux, représentant dans un ensemble un vigneron pliant sous le poids de sa hotte, avec la légende : *A grand peine*, et un écusson, au milieu duquel se détache une houe de forme triangulaire, avec la devise : *Vive labeur* [2]. Ces motifs décoratifs, disposés avec art, et l'éclat des couleurs de l'émail devaient produire un effet bien plus riche que les dalles de pierres noires et blanches employées de nos jours.

Dans la grande salle des châteaux carrelée à la devise du levrier et du cerf et tapissée de sujets à « esbattemens de chasse », les trophées s'étalaient sur les murs : épieu à sanglier, cor ou trompe de chasse, gant à fauconner, dent de sanglier, corne de licorne, bois de cerfs et de daims, devaient former une panoplie en rapport avec les tapisseries ; si nous nous figurons les chiens favoris avec leurs colliers enrichis de pierreries se chauffant devant la grande cheminée, au joignant de laquelle se dressait la perche à faucons avec sa toile armoriée, nous aurons une idée assez exacte de la grande salle d'une demeure féodale. [3]

1. V. Procès-verbal de la Société Éduenne du 29 juillet 1880.

2. V. Procès-verbal de la séance de la Soc. Éduenne du 23 mars 1877, dans les *Mémoires* de ladite société, nouv. série, tome VII, p. 517.

3. L'aristocratie restait fidèle à elle-même lorsqu'elle plaçait sur ses tombeaux les insignes de ce qu'elle avait aimé : ses écussons et ses armoiries, ses armes et ses chasses, comme ses symboles religieux. — La sépulture de Philippe Ier, inhumé à Saint-Benoît-sur-Loire, représentait ce souverain couché sur son tombeau, revêtu des insignes royaux et tenant en main un gant de fauconnerie. — Les tombeaux de Marie de Bourgogne et de la duchesse de Beldfort nous montrent aussi ces princesses couchées, les pieds appuyés sur des chiens. — On voyait aussi, avant la

L'inventaire des joyaux de Philippe le Bon et de Charles le Téméraire permet de juger du luxe des ducs de Bourgogne dans leur attirail de chasse : [1]

Item, ung cornet d'ivoire, tout ouvré de bestes et autres ouvraiges.

Item, ung grant cornet de corne, garny d'argent doré, a une courroye de soie à clouz d'argent doré.

Item, ung petit cornet de bois noir aromatique, pendant à ung petit las de fil d'or, à ung petit bouton de perles au bout et une houppe de fil d'or.

Item, ung petit cornet garny d'argent.

Item, une trompe d'argent, nellée avec les morgans et garniture, et sur les arectes et aux deux boutz garnye d'or, et poix l'or et l'argent ensemble cinq mars : v m. iii. o. v. estrelins.

Item, ung grant cornet de corne, garny d'argent doré, à une courroye de soye grise à cloutz d'argent doré.

Item, un grant cor, pendant à une sainture tannée, duquel la bouterole d'embas, le touret, les boucles et garnison d'icellui touret, la boucle de ladite sainture, le mordant et iiii fermeoirs sont d'argent doré.

Item, ung aultre grant cor d'yvoirre, fait à plusieurs quarrés, sanz sainture, garny aux deux boux et au milieu d'argent doré, esmaillé de certaines armes et bestes.

A côté des cors étaient accrochés les fouets et les gants :

Item, deux fouets d'argent et armoyés aux deux bouts.

Item, ung gant de velour vermeil à faulconner, doublé de cuir blanc et au bout un bouton de perles et une houppe de soye.

le bacinet et les éperons dorés :

La fleur de liz d'or qui est sur son bacinet, laquelle avoit esté rompue et cassée en alant par le bois.

II paires d'espérons dorés garnis de soie.

Révolution, dans les cloîtres de l'abbaye de Saint-Bénigne de Dijon, la tombe d'un certain Griphon, maître veneur de l'abbaye, sur laquelle était gravée la figure du défunt avec un lévrier sous les pieds. (V. *Epigraphie bourguignonne : église et abbaye de Saint-Bénigne de Dijon*, n° 145.)

1. Le comte de Laborde, *les Ducs de Bourgogne*, t. II.

Les chiens favoris qui se chauffaient au feu de la grande salle portaient :

Un coler armoyé des armes de M. S.

Ung collier à levrier, de veluyau noir, sur lequel est escript de brodeure d'or : Loyaulté; garni aux ii bouz d'argent doré, esmaillé aux armes de feu M. S. le grant père, de P et M et le tourel d'argent doré.

Ung autre collier à leuvrier, de veluyau vermeil, brodé en deux écussons des armes de feu M. S. le duc Phelippe et escript dessus : Y me tarde ; de menues perles et plusieurs menues perles en la bordeure, garny de boucle et iiii fermeures d'argent et le thouret d'argent doré. [1]

Item, la garnison d'un coler de chien d'argent doré.

Les faucons étaient armés de « plusieurs pièces de vervelles, d'argent doré et esmaillées aux armes de M. S. » et retenus par « une lengue garnie d'un petit tourel d'or pour servir à oyseaux. »

Les ducs gardaient avec soin des curiosités cynégétiques, entre autres :

« Ung cor d'yvoire que l'on nomme le cor Monseigneur S. Huber d'Ardenne. Une grant dent de sanglier que l'on dit la dent du sanglier Lorrain Garni. Une bien longue corne de licorne, de vii pieds et demi de long. »

Ils avaient aussi une bibliothèque de chasse, témoin deux manuscrits de la bibliothèque de Bourgogne à Bruxelles, qui ont appartenu à Philippe le Bon. Le premier est le *Traité de la vénerie* de Gasse de la Bigne ; c'est un petit volume sans enluminures et n'offrant rien de remarquable sous le rapport de l'exécution. Il n'en est pas de même du second : le traité de vénerie connu sous le nom du *Roy Modus*, et qui est sans contredit l'un des plus beaux manuscrits de la bibliothèque. Il

1. A la fin du treizième siècle, on voit les armoiries se multiplier de mille manières, sur les colliers des chiens et sur les capuchons des oiseaux de chasse (Lacroix, *Sciences et Lettres au moyen âge*, p. 341.)

fut fait par ordre du duc, et la première vignette nous représente même ce prince, dans son costume bien connu, recevant ce livre des mains du copiste, qui le lui présente à genoux. On y voit tous les épisodes de la chasse au cerf, au sanglier, au renard, au loup, au lièvre, et ceux de la fauconnerie, tout cela merveilleusement peint. Les personnages qui figurent dans ces chasses sont des seigneurs et les veneurs du prince, les premiers toujours brillamment costumés et portant un chapeau rond en castor, la trompe et le couteau de chasse. Une de ces vignettes offre un veneur caché entre les arbres et occupé à reconnaître ou plutôt à quêter des cerfs, dont on voit quelques-uns s'ébattre sur l'herbe. Il porte un pourpoint de drap vert et l'on distingue sur le parement rouge qu'il a sous les coudes les briquets de la Toison d'or. Sa tête et son cou sont enveloppés dans les amples plis d'un chaperon noir.

Le traité de chasse de Gaston Phœbus [1], commencé en 1327, devait aussi figurer parmi les livres du duc ; car l'auteur recommande son livre au puissant duc Philippe de Bourgogne en le lui envoyant. C'est par cette espèce de dédicace qu'il termine son traité de la chasse :

> Ores te prouveray comme veneour vivent en cest monde plus joyeusement que autres gens. Quar, quant le veneour se lièvé au matin, il voit la très douce et belle matinée, et le temps clere et serein, et le chant de ses oyselés qui chantent doulcement, mélodieusement et amoureusement, chacuscun en son langage du mieux qu'ils puent, selon ce que nature leur aprent. Et quant le souleil sera levé, il verra celle doulce rosée sur les ravicèles et herbetes, et le souleil par sa vertu le fera reluisir. C'est grant playsance et joye au cuer du veneour.

Mais quand le soleil ne reluisait pas pour réchauffer le noble chasseur, il rentrait dans son château et se couvrait de

1. Le livre que le comte de Foix a composé sur la chasse a pour titre : *le Miroir de Phébus des déduits de la chasse des bestes sauvaiges et des oyseaux de proie*, par Gaston Phebus de Foix, seigneur de Béarn. (*Mémoires sur l'ancienne chevalerie*, op. cit., t. II, p. 299.)

vêtements de fourrures de martres, de petits-gris ou d'écureuils.

1402. Achat de 4200 ventres d'écureuils, au prix de 16 francs le mille, « dont on a fourré ii grants houppelandes ».

A la même époque, les peaux de martres valaient 48 francs le cent et les dos de petits-gris de 6 à 8 francs le cent.

Les plaisirs de la chasse ouvrent l'appétit, et les pièces de venaison figuraient avec honneur sur la table ducale ; aussi les maîtres veneurs étaient-ils tenus de fournir à la maison du seigneur tant de pièces de gibier par semaine, en cerfs et sangliers principalement.

Ainsi, en 1354, nous voyons « mener et delivrer v bestes noires et i cheuvreul en l'ostel monseigneur le duc estant à Roure pour la despense d'icelly; » la même année, on chasse pour l'arrivée de la comtesse de Flandres et on envoie un chevreuil à l'hôtel ducal ; les comptes enregistrent les dépenses pour le transport de la venaison.

1372. « Qu'il a payé a ung homme qui a apporté venoison a monseigneur de par le veneur de monseigneur. »

Et ils ouvrent un chapitre spécial pour la « Recepte des connins » :

« Du chastellain de Lantenay, xii connins. »

Et pour la « Recepte des venoisons » :

« Des veneurs monseigneur le duc, i cerf.

» Du maistre forestier d'Argilly, iii sangliers.

» De Philibert de Macey, iii sangliers et demi, ii couars de cerf, ii aupes et iii coustez. »

Le 28 janvier 1395, le duc étant à Bapaume, il figure sur sa table : 3 lièvres, 6 perdrix, 2 faisans et 24 oiseaux de rivière.

Quand la cour était en déplacement de chasse, un des plats de résistance de ses repas consistait en patés de venoison. Le 30 août 1378 : « A Jehannot de Lantenay, pour iii douzaines de pastez de venoison et de veau et poulez.... xiiii sols. »[1]

1. Arch. de la Côte-d'Or, B. 319.

On y ajoutait aussi quelques truffes, car le duc avait des truffiers spéciaux.

A Nicolas Drouot et a Thiebault de Dijon, truffiers demeurant a Villers le Duc, pour don que menseigneur leur a fait de grace especiale.. iiii francs.

Du reste, Gasse de la Bigne a enseigné dans son livre de chasse la manière de faire les pâtés, et il y a lieu de penser que sa recette s'était conservée à la cour de Bourgogne.

Si puis dire que grant profit
Peult bien venir de tel déduit
Car on peult bien faire un tel pasté
Qu'onques meilleur ne fut tasté;
Et pour ce ne me vieul pas taire.
Qu'au jeune ne l'apreigne à faire.
Trois perdriaux gras et refais.
Au meilleu du pasté me més;
Mais gardes bien que tu ne failles
A moi prendre six grosses cailles,
De quoi ne les apoieras.
Et puis après tu me prendras
Une douzaine d'alouettes,
Qu'environ les cailles me mectes.
Et puis prendras de ces mechés
Et de ces petits oiselés.
Selon ce que tu en auras,
Le pasté m'en belleteras.
Or, te fault faire pourveanche
D'un poy de lart sans point de ranche,
Que tu tailleras comme dez,
S'en sera le pasté poudrez :
Si tu le veux de bonne guise,
De verjus la grape y soit mise,
D'un bien poy de sel soit poudré,
Si en sera plus savouré.
Si tu veux que du pasté taste,
Fay mestre des œufs en la paste,

Les crutes un poi rudement
Faictes de flour de pur froment.
Et se veux faire comme saige,
Ny mects espices ni fourmaige.
Ou four bien a point chaud le met,
Et quand sera bien a point cuit,
Il n'est si bon manger, ce cuit.

CHAPITRE SIXIEME

Le code de la chasse en Bourgogne en 1419. — Le braconnage des perdrix. — Des délits et des peines en matière de chasse. — La location de la chasse. — Le droit de chasse en faveur des seigneurs et des communautés.

Une pièce fort curieuse, et dont la date peut être fixée à l'année 1419, donne en trois pages l'état de la législation en matière de chasse dans les forêts et les garennes ducales, au commencement du quinzième siècle. C'est un code forestier dans lequel les articles relatifs aux délits de pâturage et de vol de bois sont au nombre de deux contre onze articles relatifs à la chasse ; ce qui tendrait à prouver que la mission spéciale des grueries du duché était plutôt la conservation du gibier, que l'exploitation et l'aménagement des forêts. Les produits des ventes de bois de la liste ducale entraient pour une certaine somme dans les recettes, et les receveurs de la gruerie apportaient à Dijon des valeurs assez considérables pour l'époque ; mais il faut l'avouer, le revenu de tous les bois du duché ne suffisait pas à couvrir les dépenses des chiens, des faucons et des chevaux des ducs, qui ne voyaient dans leurs forêts qu'un immense parc à gibier dans lequel ils pouvaient se livrer au plaisir de la chasse.

Cette pièce porte en titre :

Cy après sensuyeent les bois, forests et garenes que monseigneur le duc de Bourgogne a ès bailliages de Dijon, Auxois et la Montagne.

Lesquelles forests et garenes sont a mondit seigneur en toute justice et prééminance que qui trouveroit une beste privée, quelle quelle soit et a qui quelles soient, soit pris deans lesdites forests qui ne donnet lx souls damende se ceulx a qui sont les bestes nont privilége de mondit seigneur et ceulx qui ont privilége en rendent débit a mondit seigneur.

Item, il ny ay homme de quelque estat quil soit que cil est trouves cuillant et coppant chasnes, folz et aultres bois fruits pourtans, es dites forests qui ne donnent damende a mondit seigneur lx sols et le chastel.

Item, se aucuns estoit trouvés menant chiens daguet par lesdites forests ou garennes pour chasser en quelque manière que ce soit sont amendables de lx sols à mondit seigneur.

Item, il ny a homme de quelque estat quil soit qui peulle ne doy chasser es dites forests ou garennes a quelque beste que se soit sur pène de l'amende arbitre.

Item, on ne doit ne ne peut ou tendre ne haier [1] a nuls engins a demy lieu près des forests et garennes de mondit seigneur.

Item, il ny a homme de quelque estat qui soit que si chasse hors des forests et garennes de mondit seigneur et que se daventure aucuns chiens chassent une beste dedans lesdites forests ou garennes et prissent la beste, nuls ne l'osseroit lever senon les officiers de mondit seigneur sur peine de l'amende. Monseigneur le prieur de Champaigne derrièrement trépassé avoit lettres patentes de mondit seigneur sa vie durant seulement que quant ses chiens menoient une beste partant de ses bois il auroit sa suite en la forest de Villers le Duc et la povoit lever sans amende et ny a plus nuls qui l'ait.

Pour entretenir les drois, préeminances desdites forests dessus dites fut ordonné de si longtemps qu'il n'est memoire la vénerie de Bourgogne pour chasser et prendre les bestes es dites forests et par tout le pays ou aultrement le peuple serait si foulé qui ne leur demoureroit nuls vivres aux chans pour la multitude des bestes saulvaiges.

Item, que mondit seigneur peult, a cause de ce qu'il est premier perts de France et doyen des perts, que son maistre veneur, les veneurs de sa dite venerie peullent et doivent chasser toutes et quanteffois que bon leur semble et prendre toutes bestes qu'ils pourront prendre en toutes les garennes et forests du royaume de France, et en oultre de faire contraindre gens, a pène de l'amende, d'aler à la chasse

1. Proprie etiam haiam nostris appelabant quamdam silvæ partem delectam quam sepibus muniebant ad feras includendas. (Ducange, *Gloss.*)

pour y faire ce quy leurs sera ordonné ainsi et par la manière quil ont tousiours user et accoustumer de toute ancienneté le maistre veneurs de ladite vénerie de mondit seigneur audit pays de France.

Item, que quant le maistre veneur de Bourgogne veult chasser en la duchié de Bourgogne, soit en yver ou en esté, feste ou jour ouvrier, par ung de ceulx de la vénerie sera signifié es seigneurs des villages voisins de la chasse quil adiournent autant de gens quil en faeldra pour deffendre, et fault quil y viegnent à pene de lamende et quelque ilz soient, puis quils sont gens de pohétés et nen ny a nuls ezeans.

Item, cy lavient que lon preigne ung serf, sanglier ou aultres bestes sauvaiges, lun de ceulx de la vénerie peult prendre au premier village ou aux champs chevalx et harnois autant quil y est nécessaire, puisqu'il seront à gens de postés pour mener la venoison devers mondit seigneur ou ses officiers en leurs donnant seulement leurs vivres, et sy ly sont refussant, ils sont a cinq sols d'amende.

Item, sil avenoit que lon eust prist et fourcelé ung serf ou aultre beste sauvaige que les chiens de mondit seigneur auroient pris, seroit amendable arbitre et aussi donneroit ung bœuf blanc à rachet de dix francs pour la réparacion de la beste fourcelée et encoire donneroit deux torches de sire pesant vi livres chascunes attaichées aux cornes dudit beuf, et en appartient la cognoissance et judicante au maistre veneur, et nay guères que le cas semblable est advenu aux hommes de la terre de Saint-Marciaul, lesquels prirent un moult grant sanglier.

Item, que en quelque lieu ne en quelque part soient logiés les chiens de la vénerie, nuls, de quelque estat quil soient, gens d'église, noble ou aultre, ne peullont ne doiveront chasser à deux lieus à la ronde de là où sont logiés les chiens de mondit seigneur, sur pène de perdre chien et harnois, et ainsi en a user mondit seigneur en sesdits officiers de ladite vénerie par usance et coustume publiquement et paisiblement.

Item et pour mieulx maintenir et garder les préeminances desdites forests et garennes, le maistre veneur et veneurs ont chascun leurs limites et contrées desdites forests en leur garde, affin que lon ny prengne ne fasse lon aucuns dommaiges, et ce ainsi monseigneur il auroit dommage, le maistre veneur et veneurs et officiers de ladite vénerie peullent prendre ou faire prendre prisonniers de fait les délinquans jusques à ce quil ait plegiés telle amende quil appartient à mondit seigneur.

Item, la vénerie de Bourgogne souloit cousté en plusieurs villaiges es pays de Bourgogne chascun an grant somme de deniers tant pour le vivre des chiens comme aultrement, lesquels villaiges estaient tenus de les fournir de logis et de ce qui leur estoit nécessaire, mais depuis certain temps en ça ont esté afranchi moyennant que lesdits villaiges se sont composés a certaine somme d'argent et quantité de graine qui ont esté mise à demeure de mondit seigneur et fut ordonné par mondit seigneur que la despense de la vénerie seroit pourveoir chascun an par son recepveur général de Bourgogne.

Cette espèce de code de chasse règle : le pâturage en forêt qui pourrait nuire à la tranquillité du gibier et diminuer sa nourriture et l'enlèvement des glands, des faînes et des fruits sauvages, dont se repaissent les sangliers et d'autres animaux des forêts ; il défend le passage des chiens en forêt, la tendue des piéges et des filets ; il interdit complétement la chasse dans les forêts et les garennes ducales, et il mentionne le seul droit de suite que possédait le prieur de Champagne. Puis il explique l'organisation de la vénerie qu'il tend à montrer comme une création d'intérêt public, de date immémoriale ; il insiste sur les droits des officiers de la vénerie de Bourgogne dans les forêts et garennes du royaume de France et sur les sujets du roi voisin de ces forêts ; puis il rappelle le service de traqueur dus en Bourgogne par les gens des villages voisins de la chasse, et de transport du gibier dû par ces mêmes villages. Un article spécial très curieux mentionne le cas de ceux qui prendraient une bête sauvage devant les chiens de la vénerie, puis les trois derniers articles ont rapport à l'interdiction de la chasse à deux lieues du gîte de la meute ducale, au service de la surveillance dévolu à la vénerie et enfin à la transformation du droit de gaignage ou past des chiens en une contribution en argent et en blé.

Ce mémoire, rédigé sans doute par le maître veneur, ne revêt pas le caractère d'ordonnance ducale ; mais un commentaire officiel ne se fait pas longtemps attendre, nous le trouvons dans une circulaire de Jehan de Foissy, gruyer des bailliages de Dijon, Auxois et la Montagne, en date du 13 novembre 1419.

Jehan de Foissy, escuier, commis au gouvernement de la gruerie ou baillage de Dijon, d'Auxois, de la Montagne. Au premier sergent de monseigneur le duc de Bourgogne et maistre en ladite gruerie sur ce requis, salut. Comme par les ordonnances dairenerement faites par le Roy notre seigneur et par monseigneur de Bourgogne, il ait esté ordouné et deffendu que toutes gens non abilles à chassier, par espécial gens de postez auxquelz il ne laist ou appartient de chassier aucunement a quelconque sauvaigine que ce soit et que soubz umbres dicelles chasses plusieurs font murtres et larcins. Et ainsi que yceulx robent et pillent par nuit et jour les garennes diceuls seigneurs par les harnois et engins quils tiennent, qui est au grant grief, dommaige et preiudice diceulx et de leurs garennes et ainsi contre les diverses ordonnances. A quoy par notre dit seigneur a esté ordonné à y pourveoir. Pour ce est-il que nous vous mandons et, si nécessité est, commettons et a chascun de vous par soy, que tous harnois, fillés, furons et autres harnois et engins à prendre lievres, connins, perdrix et autres sauvagines que vous trouverez quelque part que ce soit hors lieu saint et aussi d'ostelz de seigneurs haulx justiciers privés réaulement et deffait, et aussi appourtez et outroyez par devant nous ou notre lieutenant au siége plus prochain de là ou priz les aurez, en adiournant ceuls que vous en trouverez garnis à certaines pennes et en oultre vous mandons que généralement faites crier et savoir en la ville de Chasteillon et ailleurs ou lon a coustume à faire crix et aussi à vendre denrées, que ix peine de dix livres a appliquer a notre dit seigneur, que personne quelconque ne soit tel ni si hardi de vendre connins, perdrix ne autres sauvagines se nest en lieu publique a vendre toutes denrées, afin quil apperere quelx gens ou quel puissance ou advoul de seigneur il ont de chassier ou vendre telles denrées. Et aussi que par miscellement ou en requoys chiez pelletiers, regrateurs ou renardeurs ils ne vendent telx denrées, en deffendant a tous de faire le contraire, affin de incourir lesdictes pennes. Et ou cas que vous trouviez aucuns diceulx facens le contraire, adiournes les par devant nous ou notre lieutenant pour respondre au procureur de notre dit seigneur ad ce que decidder leur voudra sur ce. De ce faites vous donner povoir, mendement especial; mandons et commendons à touz les subjects de notre dit seigneur, prions et requerons autres que en ce facent obéissance et en entendent a vos diligence et vous prestent et donnent conseil, confort et ayde se mestier en avez et requis en sont. Donné soubz notre seel le xiii jour de novembre lan mil cccc et dix nuef.

La circulaire de Jean de Foissy ne devait pas atteindre le but facilement, car le braconnage a toujours été une passion chez les populations de la Bourgogne. La correspondance de la mairie de Dijon [1] nous a conservé deux lettres de Charles le Téméraire, relatives au braconnage, qui font comprendre l'intérêt que ce prince portait à la conservation du gibier. Au mois de septembre 1449, le comte de Charollais, alors âgé de quinze ans, ayant été informé que les chasseurs dijonnais avaient dépeuplé la contrée de lièvres et de perdrix, écrivit aux magistrats pour faire interdire la chasse aux filets, chose peu honnête, qui, si elle continuait, disait-il, dépeuplerait tellement que quand il se rendait au pays de Bourgogne, il ne trouverait plus de gibier pour s'y ébattre et passer temps. De pareils désirs étaient des ordres, auxquels les magistrats s'empressèrent de souscrire. Cependant comme le comte mit un trop long intervalle entre sa lettre et son voyage, l'ordonnance tomba en désuétude et la coutume du braconnage reprit bientôt son cours. Or, parmi ces braconniers déterminés, se trouvait un vigneron du nom de Jean Grillot, qui, après avoir dépeuplé de perdrix les alentours de la ville, ne craignit point, emporté par sa passion, d'aller chasser sur les terres ducales. Le châtelain de Rouvres en porta plainte au duc, qui, furieux du mépris de ses droits les plus chers, expédia de Flandre, aux magistrats, l'ordre exprès de mettre Grillot en jugement. Le pauvre vigneron courait grands risques, quand on lui conseilla de recourir lui-même à la clémence du prince. Il s'achemina de Dijon à Bruges, parvint jusqu'au duc, qui, sollicité par les serviteurs de sa maison, parmi lesquels le délinquant comptait nombre de compatriotes, daigna lui pardonner, mais sous la condition de remettre tous ses engins au châtelain, après avoir repeuplé le finage de six douzaines de perdrix rouges ou grises, qu'il devait prendre « es marches » qui lui seraient indiquées.

1. Publiée par M. J. Garnier, dans les *Analecta Divionensia*, t. I, p. XXXI

Bruges, 3 septembre 1449.

Le conte de Charollois, seigneur de Chasteaubelin.

Très chiers et bons amis. Pour ce que avons esté adverti que plusieurs entour la ville de Dijon s'entremettent à chasser et prendre lievres et perdris au filé, laquelle chose n'est pas honneste ne raisonnable; par quoy le pays est taillié et est tout despourveu de lievres et perdris et n'en pourrions trouver nuls à prendre si aliens par delà. Nous, pour le plaisir que prenons et avons à chassier, vous requérons très acertes que veuillez tenir la main et vous emploier à ce que nul ne s'entremette de doresnavant plus prendre aucuns lièvres ou perdris au filé, comme dit est, entour ledit lieu de Dijon, ni aussi avant que le bailliage d'icellui s'estent, afin que, quant nous serons par delà, ce que nous espérons estre au plaisir de notre seigneur en brief temps, nous puissions trouver le pays bien pourveu et furny desdiz perdris et lievres, pour nous y esbattre et passer temps. Et tant en vueillez faire par amour de nous, que par effect puissions trouver à notre venue par delà que avez accompli ceste notre requête. Et vous nous ferez grant plaisir. Et se chose voulez que faire puissions, nous le ferons voulentiers. Ce scet Notre-Seigneur qui vous ait en sa sainte garde. Escript à Bruges le iii jour de septembre 1449.

Charles.

Pietterssonne.

A mes très chiers et bons amis les maieur et eschevins de la ville de Dijon.

La seconde lettre, relative à Jean Grillot, n'est pas moins intéressante.

Bruges, 14 janvier 145 7/8.

De par le duc de Bourgoingne, de Brabant et de Lembourg, conte de Flandres, d'Artois, de Bourgoingne, de Haynnau, de Hollande, de Zellande et de Namur.

Très chier et bien amé. Combien que neguères par aultres noz lettres signées de notre main, nous ayons escript prendre et faire prisonnier ung nommé Jehan Grillot, demourant en notre ville de

Dijon, pour les causes et ainsi que nos dites lettres le contiennent. Toutes voyes ledit Jehan Grillot est venu par devers nous et nous a fait remonstrer son cas, en nous suppliant en toute humilité avoir pitié et compaxion de lui et lui perdonner ce quil a et peut avoir mespris et offendu envers nous touchans la chasse et prise de perdrix quil a fait par cy devant oultre et par dessus notre ordonnance et deffense. Lequel pardon, tant pour pitié et compassion de lui comme en faveur d'aucuns nos serviteurs qui nous en ont supplié et requis, nous lui avons accordé et pardonné l'offence quil a faicte envers nous a la cause que dessus. Moyennant ce quil est et sera tenu de mettre et bailler es mains de notre chastellain de Rouvre ou de son lieutenant tous les fillés, tournelles, engins et habillemens quelconques quil a et peuct avoir servans à la chasse desdites perdrix, pour en faire et disposer à notre plaisir. Et aussi sera tenu de bailler et mettre es mains de notre dit chastellain ou de son lieutenant, le plutost que faire pourra, la quantitey de six douzennes de perdrix vives, tant roiges que aultres, pour les meetre en la fin et finaige dudit Rouvre, ainsi qu'il sera advisé et lesquelles perdrix il sera tenu de prendre es marchez et là où lui avons fait ordonner. Laquelle chose nous vous signiffions et voulons et vous mandons et deffandons que a ceste occasion ne par vertu de nos aultres lettres que escriptes nous avons comme dit est, vous ne procédez et faites procéder à la prinse ne emprisonnement de la personne dudit Grillot, ne aussi à quelque bannissement, aincois, quant à ce le souffrez et tenez quitte et paisible. Car ainsi le voulons et nous plaist. Pourveu toute voies quil ne feust trouvé chassant de nouvel es metes et lieux de nos diz pays deffendus à chasser. Très chier et bien amé, le Saint-Esprit soit garde de vous. Escript en notre ville de Bruges, le xiii[e] jour de janvier mil iiii[c] lvii.

Philippe.

J. de Molesmes.

La sollicitude du duc Philippe le Bon ne s'étendait pas seulement aux perdrix, mais encore aux pigeons; comme le prouve un *vidimus* en date du 24 juin 1460, par J. Gueneaul et J. Rabustel, notaires à Dijon, de lettres patentes de Philippe le Bon, duc de Bourgogne, données à Bruxelles, par lesquelles, informé « que les villageois et autres s'ingèrent de prendre aux filez et engins les colons privéz et oiseaux domestiques propices au nourrissement des personnes, et dont on sert lui duc et les nobles et gens d'Etat, lesquels vivent dans les colombiers des hôtels de la Noblesse et du Clergé du duché de Bourgogne et comté de Charollois; il mande et ce à la requeste des gens des trois Etats dudit duché, qu'il défende cette chasse sous peine de 100 sols d'amende à appliquer au seigneur justicier de la terre où sera faite la prinse ou fourfaicture. »[1]

Après avoir donné ce qu'on pourrait appeler le code de la chasse en Bourgogne au commencement du quinzième siècle, il sera intéresssant de connaître la jurisprudence des gruyers chargés de tenir les jours de justice à la même époque. Le compte « de Huguenin Duemme, demourant à Chateaulgirart, recepveur des deniers de la gruerie de Bourgogne, es bailliages de Auxois et de la Montaigne, de la feste Saint-Martin d'hyver 1376 à la feste Saint-Martin d'hyver 1377, sous la rubrique : « Autre recepte d'argent des exploits de justice fais par le tems de ce présent compte par Jehan Valée, gruier de Bourgogne par la manière qui s'ensuit; » nous donne les détails les plus complets sur les délits et les peines en matière de chasse.

A Maisey : de Fanneaul de Vannery, pour ce que à certain jour passé, Colin Tartarin, sergent, il prit dou commandement dou gruier ung sien chevaul pour faire le trahin aux loups. Et il le restoni en disant que lon le tueroit avant que len li emmenast son dit chevaul. Condampné et admodéré à ung franc.

De Jehan fils, au Boulardat de Buncey, pour ce quil a amende connaissant ce que par Robinet le Gablier et Jacob Rullot, sergent, il a esté raporté quil fus nagaire avec lesdis forestiers chassier aux conins en la garenne de Vaulthiebault pour la despense de monseigneur. Et depuis que lesdis forestiers orent chassier il trouvèrent ledit Jehan apportant un conin de ladite garenne, lequel il avoit destorné et recellé; laquelle amende lui a été tauxée et admodérée par pouvretté à vi gros.

1. Arch. de la ville de Dijon, liasse 17, cote 6.

A Aisey : de Gauthier fils, à la Royre de Berroz, pour ce que par plusieurs fois il a chassié à fillés et a chians par jour en la garenne de monseigneur et pris deux conins quil vendi à ung marchant environ la Chandeleur ccc lxxvii avec autres quatre conins que Oudot de Ricey lui avoit donnés por ce qui lalloit aucune fois chassier avec lui et la amande, laquelle amande lui a esté tauxée et admodérée par pouvretté à ung franc.

De Michel fils, à la Passuelle, pour ce quil a amande cognoissant ce quil a chassié par jour, à force de pics et de bastons, en ladite garenne, aux conins et pris trois ou quatre, laquelle amande lui a esté tauxée et admodérée par pouvretté à vi gros.

De Jabellot, de Saint-Mars, vaichier, pour ce que depuis quil est vaichier dudit Saint-Mars il a pris à force de chiens trois conins en ladite garenne et la amande cognoissant, laquelle amande lui a esté tauxée et admodérée par pouvretté à iii gros.

De Jacobt, fils Jehan Quignot, pour ce que en la présence de Perrenot Garnier, chasteillain d'Aisey, Pierre des Chians, Jehannin de Paris, Huet Beauljait et Colin Tartarin, sergens et forestiers de monseigneur et autres, il a cogneu et confessé en ingénité que en certain temps ja passé il chassa et prit par nuit en une seulle saison, en gardant ses blés aux champs, à l'issue du parc d'Aisey, à force de chians vi bestes noir et dicell fait par voulenté, laquelle chose ne povoit sans licence, laquelle amende, considéré son faict et sa faculté lui a esté tauxée et admodérée a la somme de dix francs d'or.

De Jacobt, genre au messaigier de Veiroix, pour ce quil a amende cognoissant ce que à certain jour passé il fust aidant à pranre par nuit, en gardant les blés à l'issue du parc d'Aisey, un sanglé duquel il ot sa part, laquelle amende lui a esté tauxée et admodérée par pouvretté à ung franc d'or.

A Saint-Ligier de Foucheroy :

De Jehan Bourdon, Ligier Coillot, Guillaume Bierry et Guillaume Coillardat, pour cause de ce que es feries de Noel oudit an il chassirent et prindirent un serf a force de chianz es bois de Saint-Aignien, desquels bois monseigneur a la garde et justice en telle maniere que de tous les rappors qui y sont faiz pour les fourestiers de mondit seigneur des meffacens qui par eulx sont trouvé et pris esdis bois, mondit seigneur a les amendes tout entierement, et des rappors que le forestier qui est institué esdis bois par les religieux dudit Saint-Aignien mondit seigneur ny a que la moitié et lesdis religieux l'autre. Et lequel feurfait a été raporté par Huguenin Duenne, sergens, laquelle amende a esté tauxée et admodérée à deux francs d'or chascun.

Ce compte ne nous donne pas la caractéristique de toutes les espèces de délits de chasse ni la fixation des amendes ou des autres peines encourues pour ces délits ; il nous faut glaner dans les différents comptes des deux grueries du duché pour trouver à peu près tous les cas qui peuvent se présenter.

Le compte de la gruerie d'Avallon pour l'année 1396 mentionne la condamnation « de Berthelier Calmus, de Saint-Becou pour ce que le gruyer avait esté informé souffisamment que japieça icelluy Berthelier hosta et recouit à Girard Blondeaul et à certains autres un sangley qu'ils avoient pris en bois de Bruailles du commandement de Briffault, maistre forestier, pour madame de Bourgogne et ycelli emmena et fist sa volenté nonostant que ledit Girard ledit plusieurs fois que ledit sanglé avoit esté pris es bois de Monseigneur en Bruaille et ly monstra icelluy Girard des chiens qui estoient marqués à la marque de Monseigneur lesquels l'avoient aidié à prenre ; a esté pour ce condamné en amende arbitrée à xx francs ; » et les comptes de la gruerie de l'Auxois pour l'année 1404 relèvent des amendes de 5 sols contre : « Perrenot pour ce qu'il a esté pris chassent es canes en l'estang de Saint-Eufraigne ; Guillaume le Prestat pour ce qu'il a esté trouvé garni d'un filey a pranre connins ou finaige de Charmont. »

Nous compléterons le relevé des délits en matière de chasse en dépouillant le « Controle des émoluments de la gruerie deue à Monseigneur le duc de Bourgogne es baillaiges de Dijon, Auxois et la Montaigne, 31 décembre 1411 au 15 janvier 1412. »

Philippe Saulieu ....., pour ce quil a esté prouvé contre eulx quils avoient prins ung serf en la garenne de monseigneur, pour ce condempné en émende et ou chetel, tout admodéré à. vii liv. tournois.

Messire le Sapien, curé d'Estaules, pour ce qu'il a esté prouvé contre lui quil avoit chacié à foroz et oiseaul es garennes, condempné en emende et admodéré à.................... xxii sols vi deniers.

Pierre Larmey, pour ce quil a esté trouvé garni dun paneaul à prendre lievres et ne le volt bailler à Jehan le Picart, sergent, mais en fut reffusan nonobstant le commandement à luy fait, admodéré par pouvreté à.. x sols.

Huguenin, pour ce quil a prins un serf près des bois de monseigneur, en lieu où il n'avoit droit et ne povoit ne devoit chacier... lx sols.

..... pour ce quil a prins ung serf questoit venu despave en l'estang de Buxeaul, admodéré à............................ xx sols.

..... pour ce quil a vendu connins qu'avoient esté prins en la garenne de monseigneur, comme l'a confessé, admodéré par lettres de Madame de Bourgogne à.................... xxii sols vi deniers.

..... pour ce quil a chacié es conins en la justice de monseigneur le duc, condempné à lx sols, admodéré à.................... x sols.

..... pour ce quils ont confessé à Pierre de Foissy, maistre garennier, avoir chacié a foroz en forét Visain................ xxxx sols.

..... pour ce quil a aidié a prendre un serf es fores de Chaucins, quil ne povoit ni devoit, admodéré à...................... iii sols.

..... pour ce quil a osté ung lievre au fils Perrenot Papoillon, forestier... vii sols.

..... pour ce quil a prins un porceaul sauvaige ou bois de Chaulmont, comme l'a confessé, condempné à lx sols et admodéré à. v sols.

..... pour ce quil a esté trouvé ou bois de Brosses et avoit trois mastins en sa compagnie, quil ne puet ne doit......... ... x sols.

..... pour ce quil a esté trouvé en son hostel garni de fillez à prenre connins, après la deffense à lui faite............... xx sols.

..... pour ce quil ont confessé avoir chacié es bois ou prieur de Chivres.

..... pour ce quil ont confessez avoir trové et prins le demourant dung serf que les loups avaient tué en l'estang d'Estalente. xx sols.

..... pour avoir recelé ung serf.................... .. xx sols.

..... pour ce quil ont prinse une biche................. x sols.

..... pour ce quil a confessé avoir pris faons de biche en lieu où il n'avoit droit... x sols.

..... pour ce quil ont prins en gardent les vaiches une biche que les loups chassoyent et lui avoyent ja mangié toutes les faces darriere, laquelle ils n'ont point apportée à justice.................. v sols.

..... pour ce quil ont mis un serf de la justice de monseigneur en la justice de monseigneur de Vergy........................ x sols.

..... pour ce quil a esté trouvé garny d'un fillez près des garennes de monseigneur.. v sols.

..... pour ce quil a esté trouvé en la ville de Chastoillon-sur-Seine garni d'une connisse plaine de connins.................... v sols.

..... pour ce quil print des hairons sur les rivières de monseigneur.. xv sols.

Enfin ce compte enregistre la perception d'une somme de vii francs, iii gros, xvii deniers provenant de la vente des biens, meubles d'un sieur Princhon ajourné pour faits de chasse, délits et méfaits dans la garenne de Vaulthibault, qui avait jugé plus prudent de quitter le pays, que de comparaitre aux jours du gruyer.

Ainsi dès les quatorzième et quinzième siècles la jurisprudence en matière de chasse reconnaissait comme délits :

La chasse sans droit sur le terrain d'autrui ; le passage en forêt avec des chiens de chasse, le fait de lever un gibier dans une forêt pour le faire passer dans une autre ; la prise de gibier devant les chiens d'autrui ou devant un chasseur qui vient de tuer le gibier ; l'enlèvement des petits des animaux sauvages ; la chasse de nuit sans autorisation préalable pendant la garde des récoltes, la complicité par aide ou recélé, la détention d'engins prohibés, l'usage du furet ; l'enlèvement de gibier d'épave tombé sur le terrain d'autrui ; le colportage et la vente du gibier tué en délit ; elle admettait comme peine l'amende, la prison et la saisie des biens meubles des délinquants jugés par défaut ; mais dans aucun cas nous ne trouvons mention de peines corporelles. Les ducs de Bourgogne étaient grands amateurs de chasse, mais ils étaient aussi des princes éclairés et humains ; ils laissaient à d'autres potentats la honte de faire décapiter les braconniers, et ils préféraient à la peine corporelle l'amende d'un bœuf blanc portant des cierges à ses cornes, pour le malheureux coupable d'avoir pris une bête sauvage devant leurs chiens.

Malgré le braconnage le gibier était très abondant à cette époque dans les forêts ducales, et les veneurs pouvaient alimenter les cuisines du palais au moyen du gibier tué dans la gruerie des bailliages de Dijon, d'Auxois et de la Montagne. Dans les autres bailliages éloignés des résidences du prince, tels que les bailliages d'Autun, de Montcenis, de Chalon et dans le comté du Charollais, qui formaient la circonscription du gruyer en résidence à Autun, nous trouvons dans les comptes des receveurs de la gruerie, des locations du droit de chasse.

Dans les comptes du receveur des deniers de la gruerie « es bailliages d'Ostun et de Montcenis », nous lisons sous le titre :

Aultre recepte des affouaigiés de la chace des lievres et perdrix :

De Jehan Barteaul, de Perrey, pour accort fait à lui de chacier es lievres et perdrix en la chastellenie de Montcenis pour ung an, fenissant à la Nativité Notre-Seigneur........................ iii gros.

L'amodiation de la chasse, de 3 gros en 1404, s'élève à 11 gros et demi en 1405, à 14 gros en 1413, et en 1475 le receveur ne trouve plus à amodier la chasse.

Du prouffit et émolument des affourestaiges et accords de la chasse des loups, lièvres et perdrix. Néant, pour ce que ou temps de ce présent compte aucuns afforestaiges ne accords nen ont esté faiz et ne trouve lon a cui ladmodier.

Dans le comté du Charollais, la chasse est louée dès 1396, et le receveur encaisse la « recepte faicte des personnes cy après escriptes qui se sont affouaigiez ou terme de ce présent compte de chacier aux lièvres et perdrix oudit pais et conté de Charollais pour le prix content montant à la somme de xiiii gros. » En 1408, la chasse est louée non plus en bloc; mais le droit de chasse est accordé à neuf personnes, au prix de trois gros chacune, et le bail n'est consenti que pour un an; en 1407, la durée du bail est portée à trois ans; puis en 1416 le gruyer défend de délivrer désormais des accords de chasse. Mais il change d'avis dès 1425, et nous voyons de nouveau la chasse louée ou la tentative d'adjudication rester infructueuse jusqu'en 1450, époque à laquelle le receveur mentionne dans son compte qu'il lui a été fait défense de louer la chasse, mais cette fois la défense vient de monseigneur le duc, et jusqu'en 1477 on ne voit plus figurer de recette provenant de la chasse.

Dans le ressort du maître forestier de Brancion, nous trouvons aussi des traces d'amodiation de chasse, sous différentes rubriques :

De la vendue de chasse des connins de Cortevais, excepté la garenne de monseigneur (1405).

De messire Pierre Bonnin, Guy Gauchier et Estienne Blanchart, prestres demourant à Cortevais, pour la vendue et delivrance de la chasse des connins, lièvres et perdrix, excepté la garenne de monseigneur (1410).

Admodiacion de la chace des lievres, connins, perdrix, regnards et oiseaux de rivière en la chastellenie de Cuisey (1411).

Dans le compte de Jehan de Chamilly, écuyer, capitaine et châtelain de Cortevaix, en 1463, on lit que la chasse des « cerfs, biches, chevreux, sengliers et autres grosses bestes rousses et noires et aussi lievres et regnards » a été louée pour six ans, avec la pêche de la Guye, au prix de quatre francs par an ; mais en 1469, à la fin du bail, on ne trouve plus d'amateurs.

De l'admodiacion de la garenne dudit lieu. Néant pour l'an ce présent compte, pour que l'on na trouvé aucune personne qui lait voulu admodier, tant à l'occasion des guerres et mortalités qui ont régné audit lieu audit an, comme aussi pour ce que les nobles lont chacun jour chassié comme encore font continuellement quand bon leur semble.

Il est écrit en marge de ce compte, par un conseiller de la cour, qu'il est fait défense à tous d'y chasser et qu'il est ordonné d'amodier la chasse au plus offrant. L'année suivante, la chasse n'est pas louée, le receveur supprime la fin de ses raisons depuis : « Comme aussi, » et ne laisse subsister comme causes de l'insuccès de ses tentatives d'adjudication que la guerre et la mortalité.

Le pouvoir des ducs de Bourgogne allait déjà en déclinant; dans quelques années le duché sera réuni au royaume, et le droit de chasse dans les forêts du domaine sera livré aux nobles comme une prérogative dont ils se montreront très jaloux et contre laquelle s'élèveront les cahiers de doléances des paroisses en 1789. Le droit de chasse réservé à la noblesse et la sévérité des ordonnances contre les braconniers seront un des grands griefs du tiers état.

Cependant les habitants de certaines paroisses possédaient des droits de chasse, ainsi que le prouvent quelques chartes [1]. Dans la charte d'affrachissement donnée par Jean de Jaucourt, abbé de Saint-Seine, aux habitants de la terre de Saint-Seine, le 17 mai 1323, il est dit que les habitants prétendaient pouvoir chasser à cor et à cris et de toutes manières; la charte leur interdit complètement ce droit; elle ne leur accorde l'autorisation de chasser que les « regnars et taissons, » et leur tolère par grâce, dans leurs maisons et jardins, la chasse des petits oiselets, à la claie et à la glu.

Dans la charte de franchise accordée aux habitants de Vollerot per Jean Pauldoye, écuier et Guillemette sa femme, il est écrit : « Item peuvent chasser à force de chiens et de harnois par tout le finaige dudit Veulerot sans contredit de nous. »

La transaction de 1444 entre l'abbé de Cluny et les habitants de la terre de Gevrey maintient ces derniers dans le droit de chasse à cor et à cri.

En date du 13 février 1457, Guillaume de Pontailler, seigneur de Talmay et les habitants dudit lieu, signent au sujet de leurs droits réciproques une transaction, dont un paragraphe

1. J. Garnier. *Chartes d'affranchissement en Bourgogne.*

est ainsi conçu : « Item peuvent lesdicts habitans faire hayes en tous les bois dudict Thalmay et chasser en iceulx à fort et à faible, moyennant ce que si lesdictz chasseurs abbatent aucune beste sauvaige soit porcq, serf, biche, chevreul ou aultre, ils sont tenus de amener ladicte beste devant nostre chastel pour d'icelle nous bailler et délivrer ou a noz gens et officiers la moitier, et délivrer l'aultre moitier esdicts chasseurs. »

Sans insister sur l'énumération de ces droits de chasse en faveur des communautés d'habitants, nous ne pouvons pas passer sous silence le droit de chasse et les conditions accordées aux gens de Girolles, par Jean Petitjean, abbé de Saint-Martin d'Autun, en 1451. [1]

Au nom de notre Seigneur. Amen. L'an de l'incarnation d'icellui m cccc li, le lundi huitième jour du mois de juin, nous Jehan Petit Jehan, par la grâce de Dieu, humble abbé de S. Martin, d'une part, et les habitants de la ville de Girolles, d'autre part, savoir faisons à tous que comme question et desbat feussent meuz entre nous lesdites parties, sur ce que, nous ledit abbé, disons et maintenons que lesdits habitants n'ont aucun droit, faculté ou puissance de chasser à cor et à cri, ne tendre à filets ou a bourses, en quelque manère que ce soit, en toute la justice et seigneurie dudit Girolles à nous appartenant, sans notre conger, licence, plaisir et volonté; lesdiz habitans disans au contraire. Or est ainsi que pour éviter tous procès et debas et pour garder et norrir paix et amour entre nous lesdites parties, nous avons fait et passé traictié et accordé les accors qui s'ensuivent : c'est assavoir que nous ledit abbé, oye la supplicacion et requeste desdiz habitans, leur donnons et octroyons de notre grace espéciale licence de chasser en toute la justice de Giroles, notre vie durant, à cors, à cris et tendre a filets et a bourses à toutes bestes grosses et menues, sous les moiens et modificacions qui s'ensuivent : c'est assavoir que doresnavant, quand lesdiz habitans ou aucun d'eux chasseront en nostre terre pour nous estans en nostre chastel et place dudit Girolles et prendront bestes rousses, ils sont tenuz de nous les apporter en nostre chastel pour en faire et diviser à nostre bon plaisir et volonté, et semblablement les lievres et coignins ; et que nous ledit abbé serons absens

1. Bulliot, *Essai historique sur l'abbaye de Saint-Martin d'Autun*, t. II, p. 269 et 270.

de nostre place et chastel de Girolles et lesdiz habitans ou aucun d'eulx chasseront, comme dit est, ils apporteront et seront tenuz d'apporter à nos gens et officiers en nostre dit chastel, des bestes rousses le cymier, des bestes noires la suite et la hure, et quand ils prendront menues bestes, comme lievres et coignins, ils sont tenus de tant faire à nosdiz gens et officiers qu'ils soient contens.

Les seigneurs laïques, comme les gens d'église, possédaient aussi des droits de chasse dont ils étaient très jaloux ; un rouleau de parchemin de plusieurs mètres de longueur, qui est conservé aux archives de la Côte-d'Or, donne des détails fort intéressants sur un *Débat au sujet du droit de chace entre le seigneur d'Argentières et le seigneur de Lezines.*

La procédure de ce débat contient neuf pièces :

La première, en date du mois de « juing mil trois canz et douze, » porte pour titre : « Leitres dou descort qui estoit entre Monseigneur de Noyers et le seigneur de Lisines pour la chace doulors de Val de Molins, ou quel lieu messire puet chacier par toutes manières, mas que il ny coppoit du boys du seigneur de Lesignes. » Gauchier de Chatillon, connétable de France, choisi comme arbitre par les parties déclare que le sire de Noyers et ses ayant cause « aront la chace es dits bois en toutes menières sans hayer. »

La seconde en date de 1337 est une procuration donnée par Jehan Troillars, seigneur de Lezines à Thiébaut le Ferrian, à Jehan de Vandenesse et à Jehan Memet, qu'il établit ses procureurs généraulx et ses messagers spéciaulx.

La troisième pièce beaucoup plus importante est l'information faite en 1338, par le commandement du seigneur de Noyers, sur le débat entre les sires de Lezines et d'Argenteuil, « pour cause de ce que lediz sires de Lesines dit estre en saisine de avoir garane en tous les plains et broces de Sambouc senz ce que nulz y puisse ne doye chacier senz son congié et comme il est plus plenement contenu es faiz et es articles faiz sur ce et bailliées de par ledit seigneur de Lysines. » On entend dix-huit témoins : écuier, clercs, curé, bourgeois de Tonnerre, frère de l'hôpital de Tonnerre, frère de Saint-Michian, de Tonnerre. Ce sont les dépositions de ces témoins qui forment la partie intéressante de ce document avec :

La quatrième pièce, c'est-à-dire l'information faite aussi en 1338 « pour cause du droit de saisine de la chace que li diz sires Dargenteuil dit avoir es plains et es broces de Sambouc, si comme il appert plus clerement par les articles bailliez sur ce par ledit seigneur Dargenteuil. » Vingt témoins de tous âges et de toutes qualités comparaissent pour déposer en faveur du droit du sire d'Argenteuil.

La cinquième est un contredit de Jehan Truillart, seigneur de Lezines contre les dépositions des témoins produits par messire d'Argenteuil.

La sixième est formée des contredits proposés par le sire d'Argenteuil contre les témoins produits par le sire de Lezines.

La septième est une contre-enquête.

La huitième comprend les conclusions pour le sire d'Argenteuil contre le sire de Lezines au sujet de la chasse « présentées à Monseigneur de Noyers, boteilli de France. »

La neuvième et dernière pièce est un traité entre Milles sire de Noyers et Jean seigneur de Châtillon-en-Bazois pour la tutelle des enfants mineurs de Lezines. Ce traité insignifiant au point de vue de la chasse est daté de 1345; il forme la dernière pièce du dossier qui est resté incomplet. Commencé en 1312, le débat n'est pas encore terminé en 1345, et malheureusement nous ne connaissons pas quelle en fut l'issue.

Parmi les déclarations des témoins, nous relèverons la déposition de Thiebaus de Ville, écuier :

Requis se le sergent y firent onques nulles prises ne esploit pour garanne, dit que il vit environ xv ans ha, que pour ce le vaichier de Molemy avoit pris un lievre es plains ou broces devant diz. La vacherie de Molein fut prise pour ce que l'en ne pot prainre le vachier, liquex estoit homs monseigneur Jehan Dargenteuil, si comme len disoit, et vit que avant que les bestes peussent estre delivres cil de la ville, adcordèrent au seigneur de Lesignes pour l'amande à lx sols et lx sols pour les despens et furent paié, mais il ne set se ce fut des biens de la ville ou des biens dou vachier. Dit encore que li maignié de lospital de Tonneurre en menoient brebiz Dargenteuil et passoient par les plains devant diz, esquex plains uns chiens qui estoient avent aux, prit un lievre, et pour ce les brebis et li bregier furent pris par les sergens le seigneur de Lésines; et vit que messires Pierre de Lhospital vint adcorder de l'amande et en adcorda a lx sols, dont len li quicta xx solz, et dit que il oy puis dire qu'il furent paié, mais il ne fut pas présent au paier.

Item, dit que il fut présent ou Pierres de Sancy, escuier, vint à Lysines, au père le seigneur de Leisines qui or est, et li pria qui li prestat ses chienez et son harnois et quil li donnast congié de panrre des lievres en sa garanne des plains devant diz pour faire le maingier à son neveu qui vouloit raindre moine à Auceurre, liquex sire li presta son harnois et ses chienez et li donna congié de panrre des lievres à celle foiz en yceulx lieux. Il n'en scet autre chouse ne quil ha depousé dessus fors que tant que il oy dire que messires Hues Pioches prit un cerf es lieux dont contens est, et restabli lidiz messires Hues, en lieu doudit cerf, un veel, si comme il dire et plus nen scet.

Un autre témoin :

Requis se il scet quil soit voix et commune renommée que li sires de Lysines en yceulx lieux ait garanne, dit quil le croit pour ce que quant messires Robers de Tanlay ses sirez par le temps vouloit aucune foiz chacier esdiz lieux il l'envoit pranrre congiey audit seigneur de Leysines par li mesmes qui parle, et dit quil oy dire audit monseigneur Robert son seigneur et a autres plusieurs gentishommes desquex il nest recors des noms et aussi à plusieurs genz de posté que en yceux lieux il ne povoient chacier senz congié quil ne fussent en amande se trouvé y estoient chacent, se il nen prenoient congié au seigneur de Leysines, pour ce quil disoient que cestoit garanne.

Le clerc de Mgr de Pacy raconte que :

Espécialement il qui parle alla chacier puis huit ans en ausa près des plains et broces de Sambouc, avec Jasnot, qui prevoz estoit de Pacy par ce temps et disoient entraux : Ne faisons pas notre tendue seur la terre de Leisines, que nous seriens pris, et aucune fois par commun adcort retraioient leurs fillez et leurs tandues, et dit ancour cilz qui parle quant il mesmes aloit chacier aux lievres puis v ans.

La chasse passionne encore de nos jours les Bourguignons, et la cour de Dijon a reçu à notre époque sur des questions de chasse, des mémoires certes plus longs que les informations des sires d'Argenteuil et de Lezines.

Les décrets des 4, 5, 6, 7, 8 et 11 août 1789 ont donné satisfaction aux vœux du tiers état, réclamant l'abolition du droit féodal, la loi de 1844 est intervenue, le service de la louveterie est organisé; mais il reste beaucoup à faire pour arriver à régler équitablement l'exercice du droit de chasse commun pour tous, et pour assurer la destruction des animaux nuisibles.

TABLE DES MATIÈRES

Pages.

Chapitre Ier. — Le roman des *Déduictz de la Chasse*. — La Vénerie et la Fauconnerie des ducs de la première race. — Le compte de Geoffroy de Blaisy, gruier de Bourgogne. — Les forêts ducales. — Le droit de giste. — L'ordonnance de Philippe de Rouvres sur le faict de la Vénerie 1

Chapitre II. — Ordonnances de Jean sans Peur, de Philippe le Bon et de Charles le Téméraire. — États de la Vénerie des ducs de Bourgogne, du roi Charles VI, des ducs d'Orléans et de Bretagne. — Les maîtres veneurs. — Les veneurs. — Comptabilité de la Vénerie. — Livrées. — Chevaux. — Harnachements. — Cors de chasse. — Meutes 28

Chapitre III. — La Fauconnerie. — Fauconniers, chiens et chevaux. — Oiseaux de volerie. — Achats et dons d'oiseaux. — Dépenses de la Fauconnerie. — Mues. — Nourriture et armement des oiseaux. — Équipement des fauconniers. 55

Chapitre IV. — Louveterie. — Ordonnance de Jean sans Peur. — Corvées pour les battues. — Ordonnance de Philippe le Bon. — Taille sur les corvéables. — Primes. — Droit de destruction des loups. — Poison. — Loutrerie. — Ordonnance de Philippe le Hardi. — Garennes. — Garenniers. — Furets. — Parcs de daims. — Oiseaux de proie 73

Chapitre V. — Les espèces de gibier chassées en Bourgogne. — La chasse et la politique. — Les dons de gibier. — Les intermèdes de chasse dans les banquets. — Les attributs de chasse dans l'ameublement. — Les manuscrits. — La venaison à la table des ducs 92

Chapitre VI. — Le code de la chasse en Bourgogne en 1419. — Le braconnage des perdrix. — Des délits et des peines en matière de chasse. — La location de la chasse. — Le droit de chasse en faveur des seigneurs et des communautés..... 107

Autun, imp. Dejussieu père et fils.

www.ingramcontent.com/pod-product-compliance
Ingram Content Group UK Ltd.
Pitfield, Milton Keynes, MK11 3LW, UK
UKHW020312180726
13839UKWH00001B/447

9 782329 348513